うちの猫と25年いっしょに暮らせる本

その子らしく
幸せに生きる
ケアの知恵

山内明子
AKO HOLISTIC VET CARE院長・
獣医師・獣医鍼灸師

さくら舎

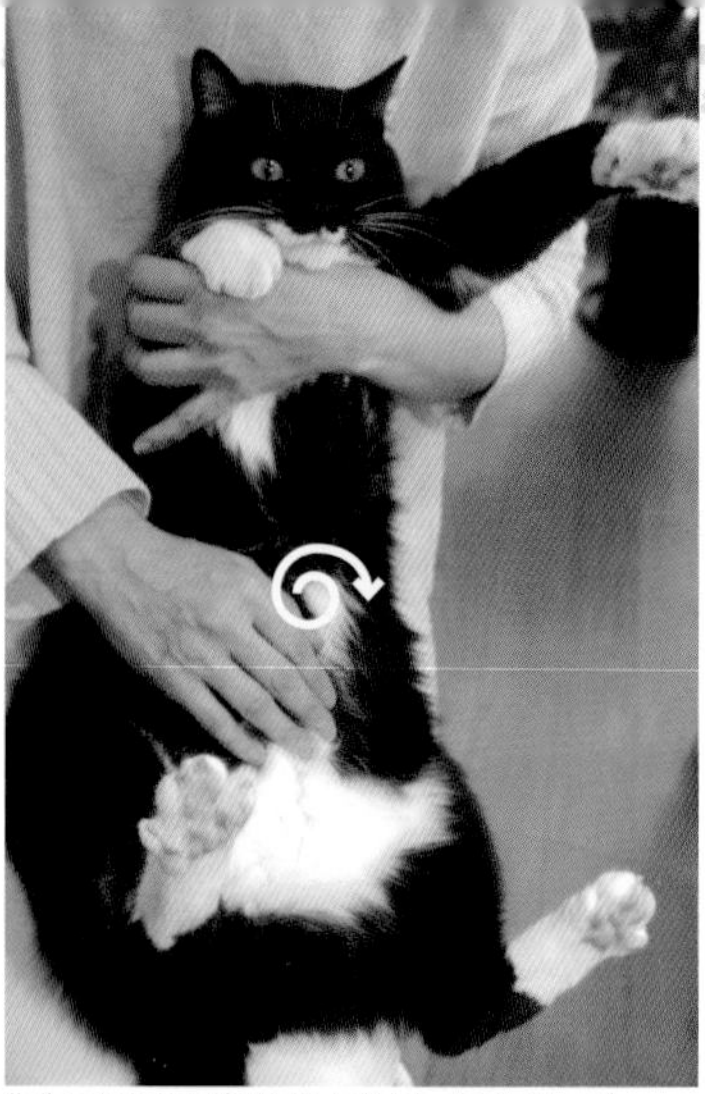
指先でおなかを時計回りにやさしくマッサージ

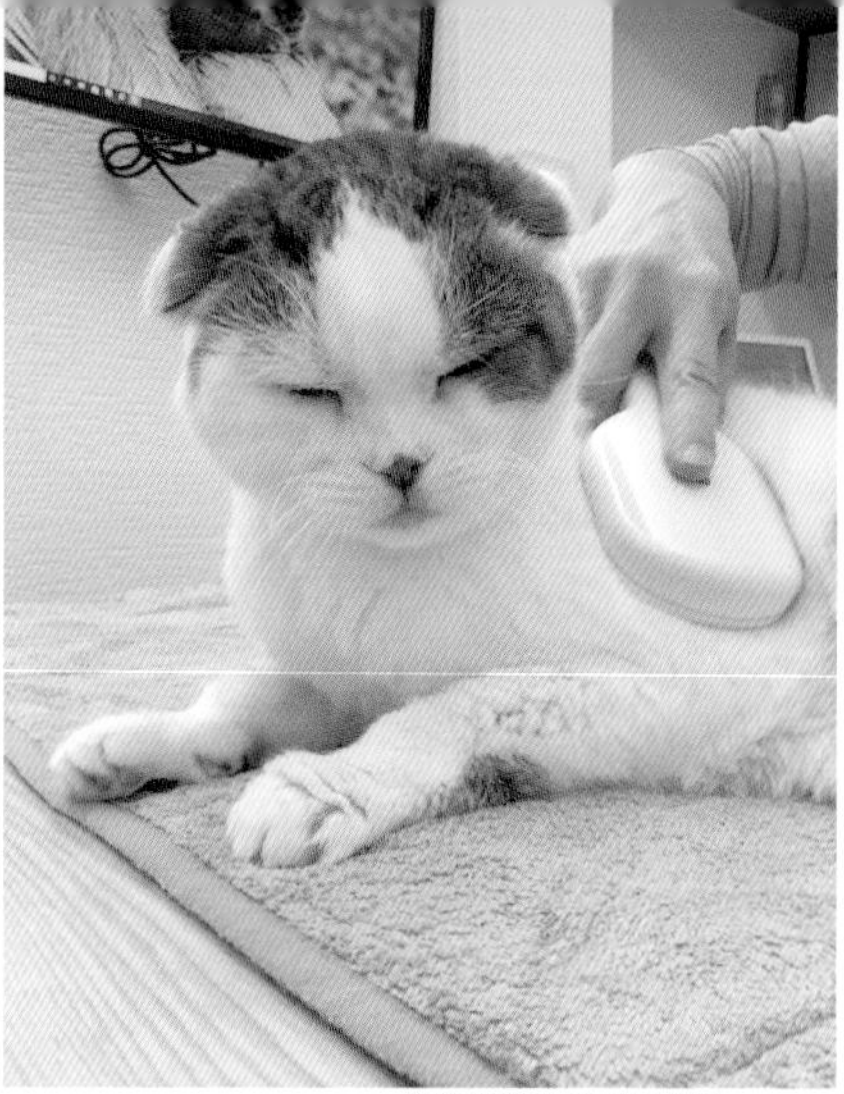
電気温熱器でツボを温めてもらい、気持ちよさそうにしているスコティッシュフォールドの白木ちゃん（19歳）。
東洋医学の治療とおうちケアで、慢性腎臓病と上手に付き合っています

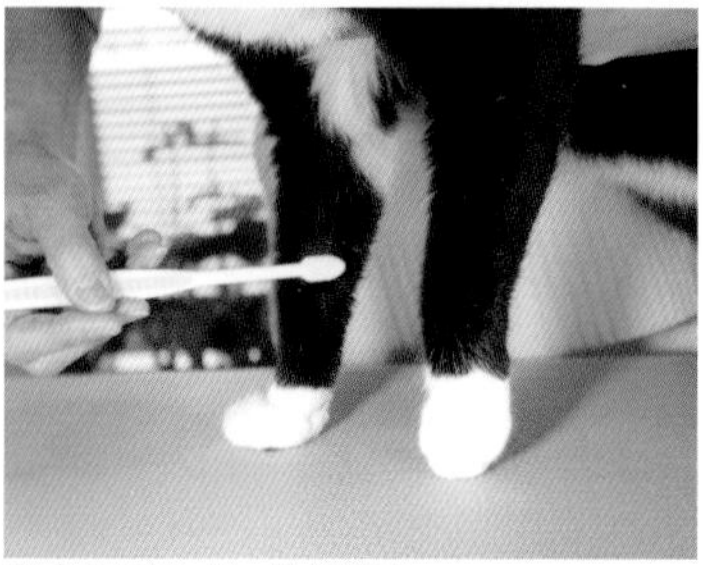
歯ブラシでマッサージするのもおすすめ

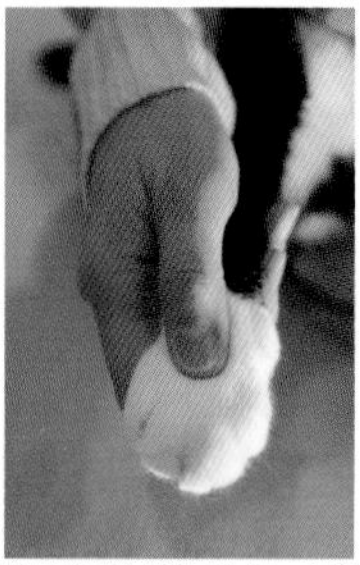
足先の表と裏をやさしく揉みほぐす

モデル：たいとちゃん

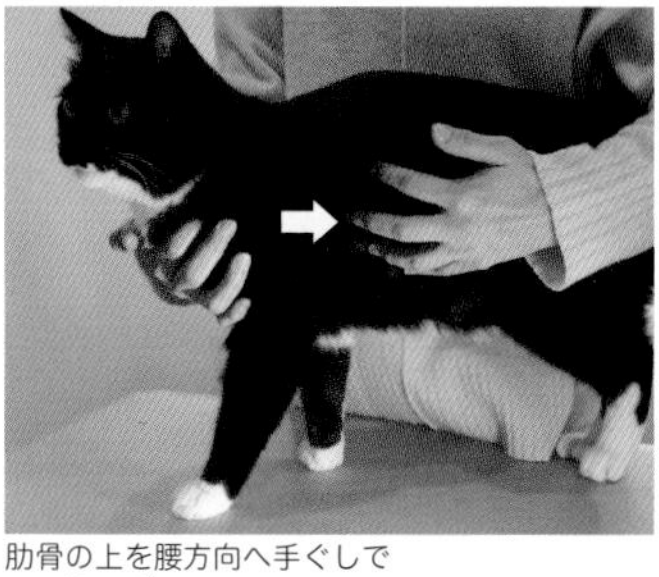
肋骨の上を腰方向へ手ぐしでマッサージ

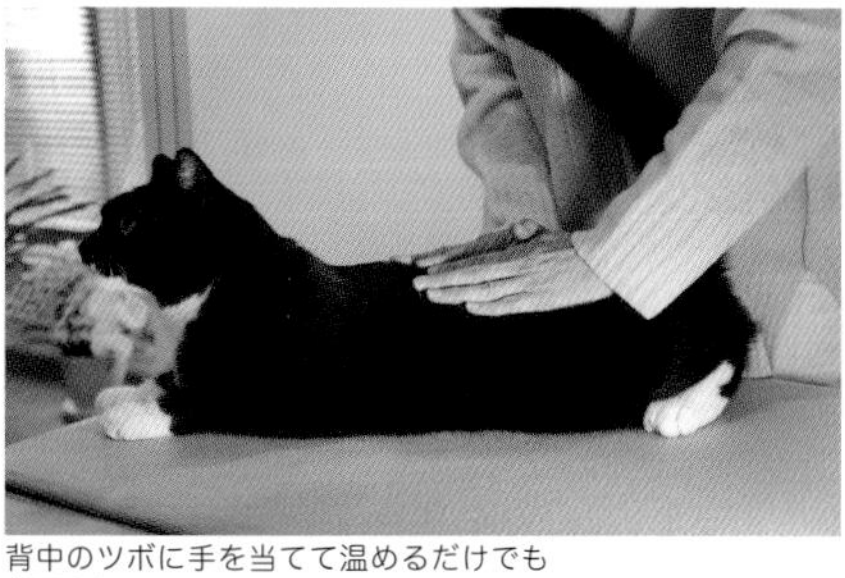
背中のツボに手を当てて温めるだけでも効果あり

体質チェックリスト

うちの猫の体質はどのタイプ？
～東洋医学でわかる７つの体質チェック

東洋医学の「気・血・水」をもとにした体質診断です。それぞれの項目の当てはまるところに✓マークをつけてください。✓マークの数がいちばん多かったものが、あなたの猫の体質です

チェック1
□ 疲れやすい
□ 食が細くなりがち
□ 疲れやすく病気になりやすい
□ 胃腸が弱い
□ 足腰に力が入らない
□ 皮膚《ひふ》にハリがない
□ 寝ている時間が長い

チェック2
□ 舌が白っぽい（貧血傾向）
□ 被毛にツヤがなく、脱毛する
□ 爪《つめ》が割れやすい
□ 乾いたフケが多い
□ 目のトラブルが多い
□ 眠りが浅く、深く眠れない
□ 痩《や》せている傾向

チェック3
□ 舌が紫っぽい
□ 痛みがあり、さわられるのを嫌がる
□ 心臓病がある
□ 腫瘍《しゅよう》がよくできる
□ 皮膚にシミができやすい
□ 体に麻痺《まひ》がある
□ 足先が冷たい

チェック4
□ 舌のふちが赤い
□ 精神的に不安定で攻撃的
□ さわられるのが嫌い
□ おなかにガスがたまりやすい
□ 嘔吐《おうと》や便秘をよくする
□ 目が充血している
□ 落ち着きがなく、よく眠れない

チェック5
□ 舌が赤く小さい
□ 被毛や目や口など乾燥傾向
□ 暑がりで四肢《しし》や耳がほてる
□ 乾いた咳《せき》をする
□ 痩せている傾向
□ 喉《のど》がかわきやすい
□ 便が固め、または便秘傾向

チェック6
□ 舌が青白い
□ 寒がりで体がひんやりしている
□ おなかが冷たい
□ 尿《にょう》の色が薄く、回数も多い
□ 胃腸が弱く、下痢《げり》をしやすい
□ クーラーが苦手
□ 食が細い傾向

チェック7
□ 舌が大きくねっとりしている
□ 肥満《ひまん》ぎみ
□ 脂《あぶら》っぽいフケが出る
□ イボや脂肪腫《しぼうしゅ》ができやすい
□ 皮膚炎《ひふえん》になりやすい
□ 便がやわらかい傾向
□ 運動が嫌い

- チェック1が多い⇒「ぐったりタイプ（元気不足・気虚《ききょ》）」
- チェック2が多い⇒「よわよわタイプ（栄養不足・血虚《けっきょ》）」
- チェック3が多い⇒「ドロドロタイプ（血のめぐりが滞る・瘀血《おけつ》）」
- チェック4が多い⇒「イライラタイプ（気のめぐりが滞る・気滞《きたい》）」
- チェック5が多い⇒「暑がりタイプ（のぼせ・陰虚《いんきょ》）」
- チェック6が多い⇒「寒がりタイプ（冷え症・陽虚《ようきょ》）」
- チェック7が多い⇒「ぽっちゃりタイプ（肥満・痰湿《たんしつ》）」

いかがでしたか？「気・血・水」の不足や過剰などの観点から、猫は7つの体質に分かれます。それぞれの体質に合った最適な「おうちケア」で、猫の生命力をアップしましょう！（くわしくは本文第4章へ）

目次◆うちの猫と25年いっしょに暮らせる本――その子らしく幸せに生きるケアの知恵

第1章 うちの猫はもっと長生きできる

第3章　猫の生命力を伸ばす東洋医学の知恵

体力を底上げするツボ・マッサージ

ごはんで体を養生する

第5章 その子らしく幸せに暮らす

うちの猫と25年いっしょに暮らせる本

――その子らしく幸せに生きるケアの知恵

第1章

うちの猫はもっと長生きできる

猫のもつ生命力を伸ばす

猫はこんなふうに年をとる

「うちの猫は6歳だけど、人間なら何歳？」

「10歳の猫ってシニア世代なんですか？」

などと、猫の年のとり方についてよく聞かれます。

図1の表に示したように、猫の6歳は人間でいえば40歳。元気いっぱいの年ごろです。

10歳だと人間の56歳に相当しますから、シニア世代の一歩手前。若々しさは薄れてきたけれど、持病などがなければまだまだ元気、バイタリティも十分という時期です。

猫は生まれて1年で人間の20歳くらいにまで急成長し、子どもを産めるようになります。

そのあとは加齢のペースが下がり、**猫の1年が人間の4年に相当する**と考えられています。

猫として、若々しさを保っている時期はだいたい7歳くらいまででしょうか。人間でい

図1　猫の年のとり方と3つの壁

猫	1歳	2歳	3歳	4歳	5歳	6歳
人	20歳	24歳	28歳	32歳	36歳	40歳

壮年期	プレシニア期		
7歳	8歳	9歳	10歳
44歳	48歳	52歳	56歳

シニア期					
11歳	**12歳**	**13歳**	14歳	**15歳**	16歳
60歳	64歳	68歳	72歳	76歳	80歳
	①第1の壁 腫瘍（乳がん等）			②第2の壁 腎臓や甲状腺の病気	

17歳	**18歳**	19歳	20歳	21歳	22歳
84歳	88歳	92歳	96歳	100歳	104歳
	③第3の壁 認知症、老衰				

23歳	24歳	25歳
108歳	112歳	116歳

えば40代くらいの壮年期。ちょうど働き盛りのころで、この年代あたりまでは30歳そこそこに見える人もいますね。

それが人も50代になってくると、男性でも女性でもシニアの雰囲気になってきます。体型やお肌《はだ》の様子に年齢がにじみ出てしまうだけでなく、動作や立ち振る舞いが、若いころのように活動的というわけではなくなってくるのです。

これは猫もまったく同じです。若いころは好奇心旺盛《おうせい》で活発に走り回っていた猫たちも、4～5歳になると落ち着きはじめ、人間の50歳前後にあたる**8～10歳になるとプレシニア期に入り、かなり余裕が出てきます。**

そして**10歳を過ぎると、多くの猫たちが〝シニア部隊〟の仲間入りをする**ようです。

ただ、8～10歳のプレシニア期のころはすごく個体差のある年齢です。

プレシニア期は、ちょっとお疲れな顔をしておとなしくなっている猫ちゃんもいれば、やる気満々で4～5歳みたいな顔をしてる猫ちゃんもいます。猫も人間も、一律に年齢だけで、体調や健康状態を推《お》し量《はか》ることはできないのがこの年代です。

ただ、猫は人間と違って不調や体の変化を言葉で訴《うった》えられないだけに、ずっと元気でいるためには飼い主さんの観察力が大切になってきます。

飼い猫の平均寿命《じゅみょう》は15年くらいとされていますが、**10歳くらいのシニア期前後から、少し気にかけてあげると、もっと長生きが可能になります。**

猫のシニア期にある3つの壁

これまで診察してきた猫たちを見ていると、シニア期に入ると、猫には3つの〝壁〟の時期があると感じます。

「第1の壁」は12〜13歳ごろ。個体差がありますから年齢はあくまでめやすにすぎませんが、多くの猫になんらかの不調が見られるようになります。吐《は》く回数が増えたり、体にしこりができるなど、ひさしぶりに病院へ通うことが増えてきます。避妊手術をしていない猫の乳腺《にゅうせん》腫瘍、いわゆる乳がんは早期に発見したい病気です。

「第2の壁」は15歳ごろで、体力の低下による病気、たとえば腎臓《じんぞう》の不調や甲状腺《こうじょうせん》の病気が見られるようになります。定期的な通院を提案されることもあるでしょう。

それらを越えたあとにくるのが**「第3の壁」です。18歳ごろ、人間でいえば88歳くらい**のこの時期から認知症や歩行困難などの問題が出てきます。

猫も人も、年をとるにつれて病気が出てくるのは自然の流れで仕方のないことです。でも、シニア期以降に訪れるこれらの壁の時期も、東洋医学の知識とケアを生かせば、病気にかかりにくくしたり、体力の底上げをしたりして対処することができます。

壁をうまく乗り切れば、20歳を超えて生きることもけっして夢ではありません。

いま人間はどんどん長生きになり、「人生１００年時代」が当たり前のものとしていわれるようになりました。「人の寿命は１１５歳、いや１２０歳」という話も耳にします。猫でいえば25～26歳くらいでしょう。

「うちの子はもう年だから」とあきらめなくても、できることはいろいろとあるのです。

猫には不思議な生命力がある

飼い主さんはみなさん、「愛する猫とずっといっしょに暮らしたい」「1日でも長く健康で長生きしてほしい」と願っています。喜ばしいことに、室内飼いが主流になったいま、猫同士のケンカでウイルスなど病原菌《きん》に感染するとか、交通事故に遭《あ》うといったことが減って、猫の寿命は長くなっています。

もともと猫は、犬に比べて遺伝が関係する病気が少なく、家の中にいて水と食事に気をつけているかぎりはあまり怖い病気もありません。高齢になるまで病気知らずという猫もたくさんいます。

食欲が落ちたりまた食べたりをくり返しながら、万全とはいいがたい体調でも飄々《ひょうひょう》と生命を保っているシニア猫も、私は少なからず見ています。

「猫には不思議な生命力がある」――これが私の実感です。

猫の死因の第1位は腎臓病です。それでも、血液検査の結果、かなり異常な数値が出て「もう長くなさそうです」となった場合でも、何年も頑張《がんば》っていることもあります。そんな段階では、それぞれの猫の生命力にかかっているといわざるをえません。

猫の寿命は体質の違いで決まってくるところが大きいのですが、どうやら猫たちは計り知れない余力をもっていて、その力は犬よりもずっと大きいと経験的に感じています。

いちばん大切なのはストレスを与えないこと

基本的に猫は、飼い主さんが熱心に世話を焼かなくても、けっこう自由気ままに過ごしています。もって生まれた生命力の強い猫もいて、いつの間にか長生きしていることもしばしばあります。

そんなふうに生命力の強い猫の場合は、じつは飼い主さんはなにもしなくてもいい。あれこれと手をかけるほうが、かえって負担になることもあります。

生命力の強い猫が体調が悪くてじっとしているときは、回復するために体を休めているのだから、あわてて「病院に連れていかなきゃ」と大騒ぎするよりも、じっと休ませておくのがよかったりします。

猫は好き嫌いがはっきりしている動物であり、**生命力は強くてもストレスには弱いので、無理強《じ》いは禁物**です。

もし病気になったとしても、動物病院への通院自体が大きなストレスになることもしばしばあります。

猫にとっていちばん大切なのはストレスを与えないこと。

これはぜひ、心に留めておいていただきたいことです。猫の健康も長生きも、その秘訣《ひけつ》はノンストレスであることを、まず最初にお伝えしておきたいと思います。

猫にとって飼い主は「心地よい環境を提供してくれる人」

甘えてきたかと思えば、急にプイッと逃げていったり、とにかくマイペース。かまわれるのが嫌いなのに、すりすりと顔を寄せてくることもあり、**とにかく人間の思いどおりにならないのが猫。**「でもそれが猫の魅力」と飼い主のみなさんは口をそろえます。のんびりと寝ている姿に癒《い》やされているという方も多いでしょう。

あらためて確認しておくと、猫と犬は同じ祖先をもち、分類上は同じネコ科に属している動物であり、人気を分け合う二大ペットですが、性格や特性はまったく違います。祖先は同じでも、それぞれがどういう適応をしてきたかで、猫と犬に分かれました。

群れで獲物《えもの》をとるという習性が強くなっていき、グループで活動する方向で適応、進化してきたのが犬です。トップを決めて、それにしたがってみんなで狩りをします。

一方、単独行動で、自分だけで狩りをするよう適応してきた子孫が猫なのです。

だから猫は、トップやボスの様子を見て、それに**したがわなくてはいけないという意識が基本的に弱い。**ここが特性上のいちばん大きな違いです。

犬は主人である飼い主さんに忠実で、リーダーと決めた人といっしょに動くのが大好きですが、猫は多くの場合そうはなりません。個別に見れば、けっこう依存性の高い猫や、犬のようにいろいろな芸を覚える猫がいたりしますが、あくまで少数派です。

そのため、**猫は縄張《なわば》り意識が犬よりもずっと強くて、自分のテリトリーに入ってきてほしくありません。**

犬の場合、リーダーが飼い主さんだと把握《はあく》すれば、飼い主さんの指示にしたがって、それに応《こた》えようとする性質が、ＤＮＡレベルで刻み込まれています。主従関係がしっかりしているので、飼い主さんの意向に沿うように自分を修正しやすい。だから芸を覚えたりもするわけです。

たしかに猫のなかにも、芸を覚えたり飼い主さんのために頑張る子もいます。でも、根本とする性質はちょっと違い、猫は飼い主さんをリーダーとは見てくれません。ただの同居人、もしかすると「食べ物をくれて世話してくれる使用人」と見ている可能性もあります。

猫は心地よい環境が大好きで、トイレを清潔に保ちたいといった意識はすごく高いので、

「心地よい環境を提供してくれる人」という感覚なのでしょう。

もちろん、人間がさびしいとき、猫がさびしいときに、お互いに共存するパートナーでもあり、持ちつ持たれつといった関係です。

猫の特性を、飼い主さんならよくご存じのことと思いますが、**猫がノンストレスで暮らせるよう、こうした特性をときどき思い起こすことが大切**です。

なにごとも猫のペースを尊重する

犬に比べると、猫は放っておかれるのが好きな動物といえます。朝夕の散歩が欠かせないわけでもないし、つきっきりで世話が要求されることもありません。だからといって、**「散歩しなくていいから楽」「放置しておけばいいんだ」ととらえるのは間違い**です。

たしかに、放任していても大丈夫という場合もあります。

たとえば猫が家に２頭いて、猫同士でうまくストレスを発散しているので、「あとはごはんをくれてトイレをキレイにしてくれればいいよ」というケース。こんな環境であれば、ごはんとトイレの世話くらいで、基本的には放っておいてもいいかもしれません。

でもそうではない場合、1頭だけだとか、複数いても相性《あいしょう》の悪い猫がいるとか、猫が満足していない状況であれば、やはり**猫の望むコミュニケーションをとってあげることは必要**です。

日ごろからコミュニケーションをとっていないのに、人間が癒やしてほしいときだけ猫に相手をしてもらいたい、というのでは、猫も心を開いてくれないでしょう。

猫はそんなマイペースの動物なので、**「体にいいからこの食べ物を食べさせたい」と思っても、なかなか人間の思いどおりには食べてくれません。**

猫の食性に関しては、生後1〜2カ月の離乳の時期になにを食べていたか、犬以上に記憶されるといわれています。飼い主さんのもとにくるころには、離乳が終わって食べ物の嗜好《しこう》はできあがっていることが多いので、簡単に食性は変わりません。

離乳期にドライフードしか食べていなくて、あまり食事に興味がない猫であれば「食べ物はドライフードだけ」と思い込んでいるわけです。

のら猫出身なら、生まれ育った環境にどんな餌場《えさば》があって、人とどう接してきたかで、飼い主さんに対する態度も決まってきます。母猫から「人間は怖い」と教わっていると、なかなか家で落ち着いた生活ができる猫になるのは大変です。

目も開いていないような子猫を拾ってきて大切に育てたとしても、人好きでいっしょに暮らしてくつろげる猫になるかは、その猫の生まれもった性格による、としかいえません。

でも気長につづけていれば少しずつ変えられる可能性はありますので、なにごとも「今日から、すぐに」と人間のペースで考えずに、その猫のペースを優先させてください。

気になる猫の病気

猫は腎臓に弱点を抱えている

猫には尿路《にょうろ》やおしっこに関わる病気が多いことをご存じの方も多いでしょう。なぜ泌尿《ひにょう》器系の病気が多いのかといえば、こんな理由があります。

私たちといっしょに暮らしている猫（専門的にはイエネコと呼ばれます）の祖先は、中東の砂漠《さばく》など乾燥地帯で暮らしていたリビアヤマネコの仲間とされています。

あまり水を飲めない環境で暮らしていただけに、体内では水を少しでも有効に使おうと、**濃い尿《にょう》を出すように進化してきました。**

そのため、とりわけ腎臓への負担が大きく、**猫の病気の7～8割は腎臓の病気**ともいわれるほど。猫は腎臓に弱点を抱えた生き物といっていいでしょう。

寒い季節やシニア猫はとくにかかりやすいので、注意が必要です。

腎臓の機能が感染《かんせん》症や加齢により少しずつおとろえていく病気が、慢性《まんせい》腎臓病です。気づかないうちにゆっくり進行していき、最終的には腎臓が機能しなくなって、猫の死因トップの腎不全《じんふぜん》になってしまうのです。

もしすでに発症しているなら、すべてを元通りに治すことはできないので、進行を遅くすることが大切です。

長くいっしょに暮らしたいと願う飼い主さんは、若いときから腎臓に負担をかけないように注意して、この慢性腎臓病を遠ざけることを心がけてください。

予防のためには、まずは、水をたくさん飲めるようにすること。

もともと水を飲みたがらない動物なので、水を飲んでもらうには工夫が必要です。水飲み場を増やしたり、ウェットフードを使ったり、第3章で述べる寒天ゼリーを与えるなど、水分補給を心がけること。さらに、食事では塩分をとりすぎないよう気をつけましょう。

猫の寿命を30歳にする腎臓病の特効薬

勉強熱心な飼い主さんは、「もうすぐ腎臓病の特効薬ができる」という話をご存じかもしれません。「ＡＩＭ製剤」が、早ければ２０２０～21年に実用化されて、猫の寿命が30歳に延びるのも夢ではないと報道されています。

この薬は東京大学大学院の宮崎徹《みやざきとおる》教授の研究から開発が進められているもので、私もとても期待しています。

人間や猫の血液中には、腎臓の機能を回復させる「ＡＩＭ」というタンパク質があるのですが、猫の場合、活性化しないＡＩＭしかもっていないことを宮崎教授は解明し、ＡＩＭ製剤を投与することで腎不全に効果があることが明らかになったのです。

すでに大量生産の技術もできて、臨床試験をはじめる段階まで進んでいるそうです。この薬の画期《かっき》的なところは猫だけではなく、将来は人間への応用もできると考えられており、その点からもとても注目されているのです。

気をつけたいがん・歯肉炎・糖尿病

腎臓病と並んで、**「寿命を縮める病気」として多いのはがん**です。

猫の場合、外側からさわってわかるしこりなどの腫瘍《しゅよう》がよく発生し、そのなかでも乳腺《にゅうせん》腫瘍は比較的多い病気です。また、口まわりや顔まわりにできるケースも多くあります。

早期発見が大事なので、日ごろからスキンシップでしっかりふれてあげて、「なにか変かも……」と異常を感じたら、獣医さんに診てもらってください。

歯《し》肉炎《にくえん》もあなどれない病気です。歯ぐきが赤く腫《は》れて炎症を起こします。歯ぐきだけでなく奥の歯周《ししゅう》組織まで炎症が進んだものが歯周病です。

予防のため、もっとも効果的なのは歯みがきです。とはいえ、猫で歯みがきをしているケースはほとんどないようです。

犬の場合、「歯みがきを習慣にしている」という飼い主さんはけっこういますが、成長した猫の口の中をさわることは、まずできません。**子猫のときから、口の中をさわる習慣をつけて、歯みがきに慣れてくれるのがいちばん**です。

しかし、歯みがきが無理でも、乳酸菌製剤などさまざまなサプリメントをとることで改善する場合もあります。

歯石《しせき》がたまって歯肉炎になると、歯がグラグラしてきます。そこに雑菌が入って血管から全身に運ばれ、心臓や腎臓にまわって病気になる。人間でもまったく同じことが起こるので、歯肉炎予防、歯周病予防が叫ばれています。

猫の場合、**口臭《こうしゅう》が気になったら、早めに獣医さんに相談しましょう。**

糖尿病《とうにょう》は猫にもあり、「食べすぎで運動不足」という猫はかかりやすくなります。糖尿病になってしまうと、血糖値を低下させるインスリンを注射し、それ以上悪化させないために血糖値のコントロールが大切になることもあります。

じつは猫の糖尿病の場合、このコントロールは人間以上にむずかしいのです。

飼い主さんがインスリン注射を打つ必要も出てくるのですが、そのインスリンの量は猫が一定量の食事をしてくれるという想定で決めるものです。

ところが、気まぐれな猫がちょっと食べなくなるとこの血糖コントロールがうまくいかず、低血糖を起こして意識を失ったり、けいれんしたりと、動物病院の救急窓口に運ばれるような非常事態になってしまうのです。

人間なら、軽い低血糖の段階であめ玉をなめたりして対応できますが、猫はそうしたことができないので大変な騒ぎになりがちです。

こうした病気は、ある日突然はじまるのではありません（気がつくのはある日突然かもしれませんが）。

いずれも慢性病なので、体質と生活習慣が相互に関連して、少しずつ体に変調が起こり、それが積み重なった結果なのです。**日ごろから食事に気をつけたり、コミュニケーションをとって変調を見逃さないようにしたりすることが大切です。**

猫の老化に東洋医学でそなえる

猫にあらわれる老化のサイン

人間は顔を見ただけでたいてい高齢者なのか、そうでないかはわかります。現代の日本人は総じて若々しくなり、ちょっと見ただけでは年齢がわからなくなりましたが、それでも姿勢やしぐさから「この人はお年寄りだ」とわかるものです。

猫は年をとっても若く見える動物なので、老けてきたかどうかは、一見わかりにくいものです。でも、よく見るとちょっとしたところに、次のような老化のサインがあらわれてきます。

10歳ごろからの老化のサイン

・ヒゲや口のまわりに白い毛があらわれる

・毛ヅヤがなくなり、フケや抜け毛が増える
・遊びに反応しなくなり、寝ている時間が増える
・筋肉が痩《や》せてくる

12～13歳ごろからの老化のサイン

・動くことが少なくなり、寝てばかりいる
・好奇心が弱くなり、まわりのことにあまり興味をもたなくなる
・毛づくろいをしなくなり、毛玉ができるようになる
・痩せてきて、さわるとごつごつした背骨がわかる

若いころにはなかった姿がだんだん見られるようになり、活動量も下がってくるようになります。もちろん個体差があるので、まったくそんな様子のない元気な猫もいれば、老いた雰囲気を漂わせる猫もいます。

先の図1のように、猫の10歳は人間なら還暦《かんれき》一歩手前の56歳くらい、12歳は64歳くらいに相当します。

アラカン（アラウンド還暦）でも、10歳くらい若々しく感じさせる人もいれば、実年齢以上に老けこんだ人もいるのと同じで、猫によってかなり違います。

老いが近づくと手がかからなくなる

それでも15歳以上になると、多くの猫で老化がはっきりと感じられるようになってきます。

15歳ごろからの老化のサイン

・高いところに飛び乗らなくなる
・耳が遠くなって名前を呼んでも反応しない
・一日中ほとんど寝ている
・何度も食事をほしがったり、夜中に大きな声で鳴く
・小さな段差でも上がりにくくなる

動きがゆっくりになって、活動量がさらに下がってきます。何度も食事をほしがったり、夜中に大きな声で鳴いたりするのは、認知症のような症状かもしれません。

個体差があるので年齢はめやすにすぎませんが、**「そういえば最近、あまり手がかからなくなったな」と感じるようになったら、ゆっくりと「老い」に向かって進みはじめた**といっていいでしょう。

また、年を重ねて性格が変わってくる猫もいます。

若いころは抱っこされるのが嫌いでさわらせてくれなかったのに、**10歳に近づいてくると抱っこが好きになる猫もいる**し、人との接触を避けていた猫が、すりよってくるようになるといったケースもよく聞きます。

手がかからなくなったり、性格が丸くなったりするのも「老い」のサインです。さびしく感じるかもしれませんが、生き物が老いていくのは自然なことですから、押しとどめることはできません。

でも、そうしたサインに早めに気づくことで、老いが進んでいくスピードを遅らせたり、病気にかからないようにしたりと、ケアすることができます。ひいては、猫の健康寿命を延ばすことにつながります。

また、年をとった猫は膀胱炎《ぼうこうえん》や腎臓病になりやすくなります。治療が遅れると重症化したり、悪くすると手遅れになったりしかねませんが、早めに治療をはじめれば、軽度から中程度の状態を保って、いっしょに暮らせる日々も長くできるのです。

猫にやさしい東洋医学の「おうちケア」

東洋医学がメインの私の動物病院の診察室には、よくある金属製の診察台や煌々《こうこう》とした照明、Ｘ線などの機械装置はありません。木でできたテーブルのような診察台とやわらかい照明で、家庭のリビングのような雰囲気を大事にしています。

ステンレス機器が目立つ機能的な西洋医学の診察室では、ぶるぶるとふるえが止まらない猫も、この診察室ではふるえなくてすみます。

とくに高齢だったり慢性病だったりという猫に、恐怖やつらいストレスを与えてまでしなければならない治療は必要ないのではないか、と私は考えています。

東洋医学では、検査の際にも麻酔《ますい》をかけたり体を押さえたりすることはなく、しっかり時間をとって飼い主さんの話を聞きながら、猫の体をさわったり、舌の色を見たりして、獣医師である私の五感を使いながら診察していています（くわしくは第5章参照）。

まず**猫の状態をよく見て、マッサージやツボへの鍼《はり》やお灸《きゅう》など、その子の特性や体質に合わせた治療**を決めていきます。

猫の体にも、人間と同じように鍼灸《しんきゅう》のツボがあるのをご存じでしょうか。この**ツボへの鍼灸刺激やマッサージをおこなうことで、体内の滞《とどこお》りをなくし、崩れたバランスが気持ちよくととのいます。**

鍼やお灸をしたことがある飼い主さんならよくわかると思いますが、体がスッキリして不調が改善し、健康状態がよくなっていく。それは猫も同じです。

現代のいわゆる西洋医学では、医療技術はすばらしく進みましたが、それだけ検査や治療が複雑化し、ストレスが大敵の猫にとって大きな負担になっていることも珍しくありません。

かわいい猫ちゃんが病気になって具合が悪くなれば、飼い主さんは病院に連れていって、獣医師に診察してもらうでしょう。それはもちろんいいことですが、私はもう一歩、猫ファーストにした関わり方をおすすめしています。

病気ともいえないようなちょっとした不調の段階（東洋医学では「未病《みびょう》」と呼びます）で、猫の体調や症状に応じて、飼い主さんが自宅でマッサージやツボの刺激をしてケアすることです。

猫の長生きには、こうした日常から自宅でおこなうケアがとても効きます。心を許している飼い主さんが、自宅でやさしくマッサージやツボを刺激する「おうちケア」で、猫の健康状態は明らかによくなるのです。

実践《じっせん》している飼い主さんからも、

「こんなに元気になるとは想像以上」

「気持ちよさそうな顔をしているので、自分自身もほっこりします」

といった言葉が寄せられると、私も本当にうれしくなります。

見逃されがちな小さな変化に気づく

ときどき「ずっと病気知らずだったのに、10歳くらいから急に病気がちになってきたんです」といって、猫を連れてくる飼い主さんがいます。

「やっぱり老化でしょうか？」と聞かれますが、**それまでとても健康だった猫なら、10歳が近づいたからといって、急に病気がちになったりはしない**ものです。

飼い主さん目線では、「食事もしているし、排泄《はいせつ》も変わらない。最近、あまりタワーに登らなくなったけど、年をとってきてちょっと太っちゃったからかも」ということであっても、じつはそんななかに、**見逃されてきた小さな変化がある**ものです。

食事をとらなくなった、下痢《げり》がつづく、よく吐《は》いて苦しそう、排泄できないといったわかりやすい症状がなかったので気づかなかった、というケースが多いのです。

そもそも猫という生き物は、つらさや痛みがあってもそれを表に出さず、じっと耐えてやりすごそうとしがちです。飼い主さんはいっしょにいても、四六時中「どこかおかしなところはないかな」という意識をもって接しているわけではないでしょうから、なかなか気づきにくいかもしれません。

飼い主さんが日々「おうちケア」でマッサージをしたり、ツボをさわったりして猫にふれていれば、そうした猫の小さな変化に気づく機会は増えるでしょう。

保護猫でさわられるのをとても嫌がるような場合でも、「うちの子はさわらせてくれないから」とあきらめないで、食事のたびに頭をなでるとか、肩を軽く揉《も》むといったスキンシップを欠かさないようにしていただきたいと思います。

猫にも年１回の健康診断を

本書の冒頭で説明したように、猫の10歳といえば人間なら50代半ばです。

その年代になっても20代、30代と同じような体力と体調を保っているという人はまずいません。働くにしても遊ぶにしても、若いころのようなやり方はむずかしくなっているのではないでしょうか。このくらいの年齢で、健康状態に問題も不安もまったくない、という人は少数派かもしれませんね。

人間の場合、自治体や健康保険組合が実施している健康診断（健診）が受けられるので、

50代半ばまで、健診を受けたことがない人は少ないはずです。健診の結果、「血圧が高め」とか「メタボに近づいていています」といった結果を受け取ると、食生活や運動習慣などに気をつけるようになるでしょう。

ちょっとした不調のうちに対応すれば、「ある日突然、大病が発見されたけれども手遅れになってしまった」という悲劇は減らせます。

私は猫にも定期健診が必要だと考えており、**「6歳以降は、年に一度は健康診断を受けましょう」**と呼びかけています。人間でいえば40歳以降くらいのイメージです。

犬の場合、年に1回、狂犬病の予防注射が義務づけられているので、そのタイミングで動物病院でフィラリアの検査もし、「採血したついでに、健診もしましょう」となるケースが多いものです。健診は義務ではないので、必ず実施するわけではありませんが、少なくとも犬の場合は、定期的に動物病院に行く機会があります。

一方、猫には義務づけられた予防注射がありません。だから定期的に動物病院に行く機会もなく、定期健診を受けさせようとする飼い主さんも少なくなります。その結果、どこか悪くなってから病院へ連れていくというパターンが多くなってしまうのです。

もちろん意識の高い飼い主さんもたくさんいて、4～5歳から定期健診してほしいという方も少なくありません。1歳からという方もいます。

昨年まで私が在籍していた成城こばやし動物病院では、秋の健診のときは犬猫合わせて230頭が受診していましたが、このうち猫は約70頭でした。

健診では、血液検査や尿検査、エコー検査などをおこないます。

長生きのために大切なことは「病気になってから治す」ではなく、「病気にかからないようにする」ということに尽きます。

年1回ということは、猫の年のとり方でいうと「4年に1回」に相当します。

飼い主さんがおうちケアで猫の健康状態を維持するとともに、年1回の定期健診をすることで、早期発見、早期治療が可能になり、健康寿命を延ばすことにつながるのです。

「未病」への対処で長生きに

みなさんは健康と病気のあいだには、はっきりとした境界線があると考えていますか？

血液検査の結果、ある数値を超えたら「病気」で、それ未満なら「健康」なのでしょうか？　そうではありませんね。

健康な状態から、病気の軽い状態をへてやがて重症化へ、とじわじわ変化していくグラデーションのゾーンがあると考えられます。

がんだって成長するには時間がかかります。もしいま、がんが見つかったとしても、最初の細胞ががん化して大きくなりはじめたのは何年も前のこと。がん化したものの、途中で免疫《めんえき》細胞によって消滅していたことも何度かあったはずです。

先にも少しふれましたが、東洋医学では、この病気になる前の段階、健康な状態と病気とのあいだを「未病」としてとらえます。

健康で元気いっぱいのときを白、病気の段階を黒とすると、そのあいだには、だんだんグレーが濃くなっていくグラデーションの状態、つまり「未病」があるわけです。

ほんの少し健康が損《そこ》なわれた段階であれば、健康な状態に戻るのは簡単でしょう。

未病の段階で察知できれば、シニア猫も健康な状態をかなり長く保つことが可能です。

腎臓の機能が多少落ちているからといって、それがイコール腎不全とか、死期が迫っているというわけではありません。腎臓病と付き合いながら、毎日をのんびりと暮らすシニア猫もいます。

人間であれば、腰が痛いとか血圧が高いとか、どこかに不調はあるけれども無理せず、注意しながら日々を楽しんでいる高齢者もたくさんいます。

持病があるなら悪化を防ぐために、現状が健康であるならそれを維持、あるいはさらに元気にいきいきと暮らすために、日々の生活習慣に気をつけて摂生《せっせい》、養生《ようじょう》する——それが「未病に対処する」ということです。

先に定期的な健康診断をおすすめしましたが、それとは別に、定期的に東洋医学の診察を受けておくと、体のバランスがある程度は見えてくるので、日ごろの注意点などがわかってきます。

つまり、**「未病」を意識した日々を送ることができるようになる**のです。

東洋医学で「生命力の底上げ」をする

摂生とか養生というと、古くさい言葉のように感じるかもしれません。医学が進歩したいまは、

「病気になったら治せばいい。薬もいろいろあるし」

「治らないといわれていた腎臓病だって、もうすぐ薬ができるんでしょう」

などと考えがちですが、でもそれはちょっと違います。

基本的に病気を治すのは、猫でも人間でも、自分自身のもっている自然治癒《ちゆ》力です。すべての生物が、病気や傷を治すためにもっている力です。

ケガをしても、やがて血が止まって傷はふさがります。腐《くさ》ったものを食べると、下痢をしたり吐いたりしますが、これは悪いものを早く体の外に出そうとしている反応です。風《か》邪《ぜ》をひくと熱が出ますが、これは体温を上げて熱に弱いウイルスを撃退しようとしているからです。

どんな先端医療も名医をもってしても、自然治癒力なくしては、ケガや病気は治りません。現代医学の最高水準の手術であっても、傷がふさがるのは自然治癒力のおかげなのです。

東洋医学では摂生や養生を重視しますが、それらが、大切な自然治癒力を維持し、伸ばすために欠かせないからです。ストレスのないおだやかな暮らしや、理にかなった食習慣が長生きにつながることは、感覚的に理解できるのではないでしょうか。

生命力とは、自然治癒力のことといっていいでしょう。

病院を嫌がる猫も、食養生（食物の栄養を考えてとることで、病気の予防・治療をはかること）やマッサージによるツボ刺激といった東洋医学のケアで、「生命力の底上げ」をすることができるのです。

「病気ではないけれども健康ともいえない」未病の状態にうまく対応できるのでおすすめです。

西洋医学でも伝統的にこの自然治癒力を重視してきましたが、この数十年、医療技術の急速な進歩によってその大切さが忘れられかけています。しかし、医療はあくまでも自然治癒力を手助けする役割であり、名医といわれる人ほど、それをよく理解されているように思います。

体力が落ちてきたとき、あるいは強いストレスにさらされたとき、病気があらわれるのは免疫力が落ちてくるから。免疫力は、自然治癒力を支える大切な柱のひとつです。

生物の体のしくみである免疫は、人間でも猫でも同じです。

そして、東洋医学に基づくケアのいいところは、一人一人（一頭一頭）の体質や状況に合わせて対処ができる点にあります。次章では、猫の体質のタイプを見分けるチェックと、それぞれの特徴について説明していきましょう。

第2章

飼い主も納得！
猫の体質7タイプ

うちの猫はどんな体質タイプ？

気・血・水で猫の体質を診断

東洋医学では診察の際に、「気《き》・血《けつ》・水《すい》」という、生命活動に必要な3つの要素を中心に、総合的に見て体質を判別します。

・「気」＝体内をめぐる元気のもととなる生命のエネルギー
・「血」＝血液＋体内をめぐる栄養や滋養《じよう》
・「水」＝唾液《だえき》、涙、リンパ液など無色の液体の総称

「気」とはやる気、元気、気力の「気」です。目に見えない生命エネルギー源のようなもので、体の中を流れているいちばんベーシックな「元気のもと」といってもいいでしょう。

具合は悪くないのに「どうも今日は元気ない」とか「なんだかやる気が出ない」というときは、「気」が不足ぎみなのです。

「血」は、西洋医学でいう血液と同じ意味もありますが、東洋医学では西洋医学で説明する機能以上に栄養や滋養そのものであり、体内の各器官や組織に栄養や滋養をめぐらしていると考えられています。

だから「血」が不足すると臓器もきちんと動けません。西洋医学的な臓器の機能としての働きを超えて、「生きている」という感覚的なものも含みます。「血」が過不足なくあって、しっかりとめぐることで臓器も安定するし、精神的な部分の脳の働きや心の安定にも、すごく重要な意味をなしているとされています。

たとえば、ストレスを感じやすく精神不安になりやすい猫がいますね。血液検査では貧血はないけれども、すごくビクビク、ドキドキしてパニックになりがちな猫ちゃんは、「血」に栄養が足りていないのではないかと考えます。

この場合、東洋医学では「補血《ほけつ》」といって「血」を補《おぎな》う――すなわち「血」にしっかり栄養を与えることを重視して、食事や薬で対応します。つまり脳や心に直接働きかけるのではなく、「血」という別ルートで落ち着かせようとするのです。

「水」は水分です。「色のついていない液体全般」を指します。唾液や涙、リンパ液からおしっこまで、すべて「水」に含まれます。細胞をうるおしているような液体もすべて「水」に入ります。

東洋医学では**この3つの要素が体内をスムーズにめぐることによって、健康が保たれている**と考えます。

そのいずれかが不足したり、うまく流れなくて滞《とどこお》ったりすると体に不調が生じ、そのまま放置しておくとさらにバランスが悪化して、病気になると考えるのです。

では、この「気・血・水」をもとに、みなさんの猫の体質をチェックしてみましょう。

体質には7タイプがあり、それぞれ「気・血・水」がどういう状態にあるのか、という観点で分けたものです。

細かく見ると「気・血・水」以外にもさまざまな要素があるのですが、まずはおうちの猫ちゃんの体質を意識することが、長くいっしょに暮らすための第一歩。7つの体質のどれに当てはまるのか、確かめてみてください。

なお、この体質チェックはシニア猫専用ということではなく、若い猫にも使えます。

もっといえば、人間にも使える内容です。猫ちゃんだけでなく、飼い主さんもいっしょにチェックして、お互いの体質をわかっておくといいですね。

〈東洋医学でわかる猫の体質7タイプのチェックリスト〉

※それぞれの項目の当てはまるところに✓マークをつけてください。✓マークの数がいちばん多かったタイプが、あなたの猫の体質です。

※体質はずっと同じというわけではなく、季節や年齢とともに変化します。定期的なチェックをおすすめします。

1ぐったりタイプ（元気不足・気虚《ききょ》）

□疲れやすい
□食が細くなりがち
□疲れやすく病気になりやすい
□胃腸が弱い
□足腰に力が入らない

□皮膚《ひふ》にハリがない
□寝ている時間が長い

2よわよわタイプ（栄養不足・血虚《けっきょ》）

□舌が白っぽい（貧血傾向）
□被毛にツヤがなく、脱毛する
□爪《つめ》が割れやすい
□乾いたフケが多い
□目のトラブルが多い
□眠りが浅く、深く眠れない
□痩《や》せている傾向

3ドロドロタイプ（血のめぐりが滞る・瘀血《おけつ》）

□舌が紫っぽい
□痛みがあり、さわられるのを嫌がる

□心臓病がある
□腫瘍《しゅよう》がよくできる
□皮膚にシミができやすい
□体に麻痺《まひ》がある
□足先が冷たい

4イライラタイプ（気のめぐりが滞る・気滞《きたい》）

□舌のふちが赤い
□精神的に不安定で攻撃的
□さわられるのが嫌い
□おなかにガスがたまりやすい
□嘔吐《おうと》や便秘をよくする
□目が充血している
□落ち着きがなく、よく眠れない

5暑がりタイプ（のぼせ・陰虚《いんきょ》）

□舌が赤く小さい
□被毛や目や口などが乾燥傾向
□暑がりで四肢《しし》や耳がほてる
□乾いた咳《せき》をする
□痩せている傾向
□喉《のど》がかわきやすい
□便が固め、または便秘傾向

6寒がりタイプ（冷え症・陽虚《ようきょ》）

□舌が青白い
□寒がりで体がひんやりしている
□おなかが冷たい
□尿《にょう》の色が薄く、回数も多い
□胃腸が弱く、下痢《げり》をしやすい

□クーラーが苦手
□食が細い傾向

7ぽっちゃりタイプ（肥満《ひまん》・痰湿《たんしつ》）

□舌が大きくねっとりしている
□肥満ぎみ
□脂《あぶら》っぽいフケが出る
□イボや脂肪腫《しぼうしゅ》ができやすい
□皮膚炎《ひふえん》になりやすい
□便がやわらかい傾向
□運動が嫌い

「複数当てはまる」「どこにも当てはまらない」ときは？

いかがでしたか？　**各チェックの最初の3つの項目は、その体質に特徴的な症状**でもあります。

7タイプのうち、✓マークのいちばん多かったタイプが、あなたの猫のいまの体質です。

たとえば、「だいたい1つか2つずつ当てはまったけれど、『ぐったりタイプ』は3つ当てはまった」なら「ぐったりタイプ（元気不足・気虚）」、「うちの子は『ぽっちゃりタイプ』が4つ当てはまった」なら「ぽっちゃりタイプ（肥満・痰湿）」となります。

実際にチェックしてみると、はっきりとタイプがわかる猫もいれば、「『ぐったりタイプ（気虚）』も多いし『よわよわタイプ（血虚）』も当てはまる」という複数の傾向を示す猫もいるでしょう。

この場合、**両方の体質をもっていることになるので、両方に合うケアをしていく必要があります。**

2つのタイプをあわせもっている場合、日によってあらわれる体質が違うこともあり、バランスをとりながら両方に対応していくことが大切です。どちらかひとつだけに特化してしまわないように気をつけましょう。

もしかすると、「うちの子はどれにも当てはまらなかった……」という方もいるかもしれません。どこにも当てはまらないからダメ、なのではなくて正反対。

じつは、**「どこにも当てはまらない」のがベストな状態**です。**気・血・水のバランスが崩れていない**ということなのです。

東洋医学では、このバランスのとれた状態を「中庸《ちゅうよう》」として重視します。

若いうちは「どれにも当てはまらない」であっても、10、11、12歳と過ぎてシニア期にさしかかってくると、すこしずつ当てはまる項目が増えがちです。このあたりは人間の健康診断の結果とよく似ていますね。

体質を意識して日々の養生に生かし、ずっと中庸の状態がつづいていくようにしましょう。

7つの体質はこんな特徴

7つの体質タイプについて、それぞれ簡単に説明しておきましょう。複数のタイプに重なる場合は、それぞれのタイプを読んでください。

体質ごとの「おうちケア」については、第4章で説明します。

猫との幸せな日々を長く送るには、その子の体質に合った適切なケアであることが基本になります。そのうえで、猫の健康状態を維持・改善していきましょう。

ぐったりタイプ（元気不足・気虚《ききょ》）

チェック項目の最初の3つ**「疲れやすい」「食が細くなりがち」「疲れやすく病気になりやすい」**が特徴的な症状です。

いわゆる**「エネルギーのもと」が不足していて、体をきちんと動かすことができない状況**になっているのが「気虚」です。

「うちの子はいつも元気がない」というケースはこのタイプか、次の「よわよわタイプ」に当たることが多いと思います。

よわよわタイプ（栄養不足・血虚《けっきょ》）

先に「血」は栄養・滋養だと述べましたが、「血」が不足して**栄養が足りていないから、舌は白っぽくなります。**貧血と同じイメージです。東洋医学では、毛や爪《つめ》、目などは、十分な栄養素がないときちんと機能しない部位とされます。

だから被毛がパサパサするとか、爪が割れやすくなるとか、目になにか病気が出やすいといった傾向がある猫は、「血」の栄養状態が悪いととらえるのです。

また、「血」は体とともに、心にも栄養を与えるものとされるので、**心の栄養不足によって精神不安になってきて眠りが浅くなります。**だから寝ていてもすぐ起きてしまうとか、びっくりしやすいといったことが起こりやすくなります。

心に栄養がゆき届いて、リラックスや熟睡ができることを東洋医学では「安神《あんじん》」効果といいますが、その反対の状態で、深く眠れないという症状があらわれているのです。

ドロドロタイプ（血のめぐりが滞る・瘀血《おけつ》）

体の中をサラサラ流れていてほしい「血」が、うまく流れていない状態です。

舌が紫っぽくなるのがそのあらわれとされ、東洋医学では原則的に、「血」の流れが悪いところに痛みが出ると考えます。そのため人間の場合は、体の節々が痛むといった症状から、椎間板《ついかんばん》ヘルニアのような病気まで含めて、痛みを訴える患者さんについては、いちばん最初にこの血のめぐりを診《み》ます。

猫は言葉で痛みを訴えませんが、**さわられるのを嫌がる場所があるときは、そこが痛いのかもしれません。**

心臓疾患《しっかん》も血のめぐりが悪いことが背景とされるほか、血のめぐりが悪くて体がよどんだところに腫瘍《しゅよう》ができると考えられ、**しこり、イボなどができやすくなります。**

毛の下の皮膚に、斑点《はんてん》のようなシミや老人性の色素沈着《しきそちんちゃく》のようなシミの出てくる猫がいます。鼻の先や耳のふちなどに出てくることもありますが、これも東洋医学では「血の流れが悪いのではないか」と考えます。

イライラタイプ（気のめぐりが滞る・気滞《きたい》）

舌のふちが赤いのは「気」が滞っているサインといわれ、イライラして精神的に不安定で、攻撃性の強いタイプによく見られる特徴です。「こっちへ来たら咬《か》みます！」というタイプですね。

「気」の流れが悪くて、少しずつズズッ、ズズッと詰まりながら流れるイメージなので、**ガスがたまりやすく、ゲップが出たり嘔吐《おうと》したり、便秘になったりおならが増えたりしま**

す。

イライラは肝臓と関係が深く、症状としては**目の充血にあらわれやすい**といわれています。精神的に不安定なので、眠りが浅くなりますね。

先の「よわよわタイプ（血虚）」は、不安感が強くて眠れない、寝たいのに眠れないという感じですが、この「イライラタイプ（気滞）」は**イライラと落ち着かなくて眠れない**という違いがあります。

暑がりタイプ（のぼせ・陰虚《いんきょ》）

熱中症のように外から熱が入ってきて体温が上がるのとは違い、**家の中で普通にしていても体熱が高いタイプ**です。冷たいところで寝たがる猫の**舌の色を見て、赤くて小さめ**という場合、この「暑がりタイプ」である可能性があります。

「陰虚」とは「体を冷やすものが足りない」という意味なので、体は乾燥ぎみとなり、足先や耳をさわったときに熱い感じがあります。**ときどき乾いた咳《せき》をする、喉《のど》もかわきやすくて、痩《や》せやすい、便が固くて出にくい**といった特徴もあります。

代謝《たいしゃ》が進みすぎて痩せることも多いです。14歳をすぎると増えてくる甲状腺機能亢進症《こうじょうせんきのうこうしんしょう》は、この「暑がりタイプ」とよく関係しています。

暑がりなのでよく水を飲みます。体の代謝が盛んで**熱いので、寝つきにくい**ですね。眠りに入るときは、体温がすっと落ちて眠りやすくなるものですが、いつまでも暑くてのぼせる感じなのでしょう。

人間も更年期《こうねん》で不眠になりがちだったり、ホットフラッシュで汗が出たりといった症状が出ますが、それに匹敵《ひってき》するのではないかと思います。

以前と比べて落ち着いて静かに寝ていられないとか、ちょっとしたことに敏感になってしまうといった性格的な変化があるかもしれません。

寒がりタイプ（冷え症・陽虚《ようきょ》）

「陽虚」とは「陽が足りない。体を温めるものが不足している」という意味で、「暑がりタイプ（陰虚）」とは逆のパターンです。

舌は冷えているので青白い感じになり、寒がりで、体にさわるとひやっとしています。とくに**おなかをさわったときに冷たく感じる**ことがあります。おしっこが出やすくて色も薄い、下痢をしやすいといった特徴があります。

冷房した部屋が嫌いだったり、食が細かったりする猫が多いですね。

このタイプは、いきなり冷え症になるというよりも、ベースに「ぐったりタイプ（気虚）」があって、それが進んで「寒がりタイプ（陽虚）」になるといわれています。

というのは「気」は温かいものとされ、「気」がしっかりあると体は温まる。それがどんどん不足してきて、体を温めるもの（陽）が足りない＝「陽虚」となったと考えるからです。

そのため若いころからやや「ぐったりタイプ（気虚）」だったという猫が、年齢とともに「寒がりタイプ（陽虚）」に変わってくるケースはよくあります。

ぽっちゃりタイプ（肥満《ひまん》・痰湿《たんしつ》）

「舌が大きくねっとりしている」というのは、**舌がボテッと腫《は》れぼったく、唾液に粘《ねば》りけを感じる**ようなことです。人間でいえば、舌に苔《こけ》がたくさんついているような状態です。

食事は好きですが運動は嫌い、太りぎみであり、脂《あぶら》っぽい印象でフケも出やすくなります。

このタイプでは、食べたり飲んだりしたものをうまく消化・吸収・排泄《はいせつ》するといった**代**

謝機能の低下により「よどんだ水分」が体にたまってしまうのです。そして、この「よどみ」が「ドロドロタイプ（瘀血）」と同様に、イボや脂肪腫《しぼうしゅ》の原因となると考えられます。

長生きの秘訣「ほどほどに、中庸をめざす」

シニア猫では「ぐったりタイプ（元気不足・気虚）」と「よわよわタイプ（栄養不足・血虚）」が多いです。しこり、イボなどの腫瘍がある猫は「ドロドロタイプ（血のめぐりが滞る・瘀血）」「ぽっちゃりタイプ（肥満・痰湿）」が多いようです。

「夏は暑がりだけど、冬は寒がりなんです」というケースもよくあります。

とくに高齢になってくると、気・血・水も体の機能もすべてが問題なし、ということはまずありません。少しずつおとろえるなど、調子の悪いところも出てきます。

そんなとき、**東洋医学が重視するのは「バランスを崩さない」**という点です。

「気も血も水も、お互いにちょっとずつ減っているけれど、まあまあいいでしょう」というのが東洋医学の考え方で、じつは長生きの秘訣《ひけつ》です。

神経質に「すべてがそろっていないと健康でない」「正常値になるよう治さないといけ

ない」などと思わず、**ほどほどに、中庸《ちゅうよう》をめざすことがもっとも重要**です。

猫の体質や個体差に加えて、その子自身がもつ自然治癒《ちゆ》力を意識しながら、中庸を心がけましょう。

また、すぐに薬や治療ということではなく、**ちょっと様子を見ながら待ってみる、ということも大切**です。いつもと違う様子なのか、いつもの状態の範囲なのかを見きわめるには、注意深く観察する必要がありますが、猫との距離感を心がけて自然治癒力に思いをめぐらすことで、猫も飼い主さんもずいぶん楽になってくるのではないかと思います。

体質しだいで病気へのアプローチが変わる

東洋医学の「同病異治」と「異病同治」

西洋医学では検査して原因をはっきりさせて、薬を使ったり手術したりして治療します。

たとえば、病原菌《きん》が侵入して感染症を起こしているなら抗生物質を使って菌を叩《たた》き、腫瘍があるなら手術でとり除く、といったやり方です。また、基本的に同じ病気なら同じ薬で治る、と考えます。

方針は明快で、治るときはスパッと治るのですが、「年をとってきてあちこちの内臓の機能が少しずつ低下している」というような場合、それぞれの内臓に対してそれぞれの薬を使い、いくつも薬を飲むような治療になりがちです。

人間の場合ですが、最近は10種類も20種類も薬を処方される「多剤服用」という問題がとりざたされるようになりました。「病院で出された薬を全部飲むと茶碗いっぱいになる」といわれるほどで、薬の相互作用による副作用も問題視されています。

これに対して、**東洋医学は同じ病気であっても、患者さんの体質や症状のあらわれ方によって使う薬や治療の方針が変わります。**

たとえば「糖尿病」という病名は同じでも、「食が細くて胃腸が弱いタイプ」と、「イライラやのぼせが起こりやすいタイプ」では治療方針が違います。それぞれの体質や年齢に合わせてケアしていくことで、症状が抑えられて体の基礎的な状態が改善されます。

猫であっても同じです。たとえば「下痢をしています」といって連れてこられた猫の場合、西洋医学の獣医さんは便の検査をして、寄生虫などいないとなれば整腸剤を出したり、下痢止めを飲ませたりして「様子を見ましょう」となります。

一方、東洋医学的には下痢が起きたのは「気が不足しているのか（気虚）」「湿《しつ》がたまりすぎているのか（痰湿）」などと、まず猫の体質を考えます。

そして、同じ下痢であっても、「気虚」と「痰湿」で使っていく薬がまったく違ってきます。「気虚」で下痢をしているなら、下痢止めではなく気を補うような食べ物や薬を与え、「痰湿」が原因なら、水を少し体外に出す薬を使っておなかをととのえる、といったことです。つまり**同じ病気なのに治療法が異なります。**

これが「同病異治《どうびょういち》」で、東洋医学のもっとも重要な考え方のひとつになっています。

またこれは**「異病同治《いびょうどうち》」**でもあります。たとえばこんな例です。

以前、診察室で「血尿が出たり不正出血しやすいし、シミもできやすいんです」という猫を診《み》たときのことです。

西洋医学的には血液の病気の可能性も考慮することになるのでしょうが、猫を診察した、飼い主さんの話からも、体質が「気虚」なのだろうと見当がつきました。

生命のエネルギーである「気」にはさまざまな働きがありますが、「血を血管内にとどめる」という仕事もしているとされます。この猫は「気」が不足して、血を血管内にとどめておけないでいるのでしょう。

そこで「気」を補う薬を出してみたところ、しっかりと止血できるようになりました。「気」を補う薬は、胃腸も弱く、食欲不振や胃もたれ、軟便・下痢をしやすいとか、免疫《めんえき》機能も低下しているといったときに使いますが、この猫の場合、出血しやすいという一見すると関係なさそうな症状にも有効でした。

このように、**関係なさそうな症状や病気でも同じ薬で治すことが「異病同治」**です。

病気になる前の「未病」の段階でケアしよう

前述のように、東洋医学では、治療の体系が西洋医学とまったく異なります。病名は同じでも、体質のタイプによって東洋医学は治療方針が違います。

つまり、**一頭一頭、それぞれの体質と症状に合わせて治療法が選択されるオーダーメード**だといっていいでしょう。

そのため診察では、その猫が、

「いま、どんな状態にあるのか」

「症状があるならどんなあらわれ方をするのか」

「平常時の体調や体格はどうか」

といったことから、まず体質を判別することに時間を割《さ》くのです。

西洋医学（現代医学）では、病気の原因を突き止め、それをピンポイントで狙《ねら》い撃《う》ちして治そうとするので、原因が判明しないと力が発揮できません。

これに対して東洋医学では、原因よりも全体の状態を重視して体質を分類し、健康を保つように養生《ようじょう》したり病気の治療をしたりするわけです。

西洋医学では、病気になっていない猫には病名のつけようがありません。しかし、東洋医学なら体質の分類はできます。

一見すると健康そうな猫も、この体質の分類から、未病であることがわかることもあるし、将来こうなるだろうという、健康状態の予測までもできるのです。

西洋医学が「原因や病名をはっきりさせて、悪いところを治す」という発想なのに対して、東洋医学は「生命を維持する仕組みのバランスが悪くなっているのだから、そのバランスをととのえる」という発想なので、治療体系はまったく別なものになるわけです。

西洋医学では、原因がはっきりして病名がつけば、「○パーセントの人に効果がありま す」というエビデンス（科学的な根拠）のある治療法が選択できるわけですが、原因も病名もはっきりしない症状への対応は苦手です。

一方、東洋医学はそんな状態へのケアも得意としていて、**健康とはいえないけれども病気でもないという「未病」の段階で治すことを重視**します。

症状がひどくなったり、本当に病気になったりする前に、**体質に合わせた東洋医学的なちょっとしたケアがおうちでできます。**そうした「おうちケア」の中心は、体質に合わせた食事とツボ・マッサージ、暮らしの養生法になります。

自然治癒力を高めて「生命力の底上げ」をはかることができるので、体質に合わせた「おうちケア」をぜひ実践してみましょう。

第3章

猫の生命力を伸ばす東洋医学の知恵

この章では、どの体質にも共通する「ツボ・マッサージ」「おすすめごはん」「ストレスフリーの暮らしの養生法」について、ケアの基本から解説していきましょう。

東洋医学の知恵を生かした、長生きのための秘訣《ひけつ》といえるものです。

体力を底上げするツボ・マッサージ

生命エネルギーや体液の流れをととのえる

東洋医学の重要な考え方に「気《き》・血《けつ》・水《すい》」があり、「気」とは目に見えない生命エネルギー、「血」は血液と栄養・滋養、「水」とは体内の水分のことを指している、と前章で説明しました。

「気」「血」「水」の通り道のことを「経絡《けいらく》」と呼びます。生命エネルギーである「気」の流れが、血液や栄養である「血」と水分である「水」の循環《じゅんかん》をうながしています。

この経絡は全身に張りめぐらされていて、ところどころに、体の不調があらわれたり、刺激を与えることで各器官に影響を及ぼしたりするようなポイントがあります。これが「ツボ（経穴《けいけつ》）」です。

人間同様、猫にもおもに治療に使う経絡は14本あり、その経絡上に３６１個のツボがあります。

たとえるなら**「経絡は線路、ツボは駅」**でしょう。電車で東京から大阪に行くルートは新幹線だけではなくて、さまざまな路線を乗り継いで行くこともできます。経絡も全身がつながり合って、さまざまなルートで「気・血・水」をめぐらせています。

また、駅といっても、何本もの線路が集中しているようなターミナル駅もあれば、目立たない小さな駅もあります。ツボにも経絡が集中していて影響力の大きなツボもあるし、あまり影響のないツボもあります。

重要なことは気・血・水の流れをととのえて、めぐりをよくすること。そのためには全身をさすったり、やさしくマッサージしたりすることが効果的です。

やさしくなでれば、経絡の流れがよくなり、崩れがちな体のバランスがととのうのです。

マッサージには母猫が子猫をなめるような効果も

マッサージが大切な理由はほかにもあります。

子猫は母猫のスキンシップのなかで育ちます。母猫が体をやさしくなめたり、体をくっつけたりすることで子猫は安心し、リラックスして、消化液やさまざまなホルモンがきちんと分泌《ぶんぴつ》されてすこやかに成長できるのです。

群れで暮らす犬とは違い、猫は大人になると単独で暮らすようになる動物ですから、ベタベタされるのは好みません。

ただ、**飼い猫は**少し違います。

野生や野良《のら》で生きる厳しさがないからかもしれませんが、いくつになっても子猫の心をもっているようです。**大人になってもスキンシップがあることで、心身ともにすこやかでいられる**のです。

マッサージには、母猫が子猫をなめるのと同じような効果があると考えられています。リラックスすることで心身がととのい、免疫《めんえき》力もアップします。

とはいえ、マッサージはおろか、さわられるのが嫌な猫もいます。

飼い主さんには、まず最初に猫ちゃんの体のどこならさわることができるのか、どこはさわらせてくれないのかを知ることからはじめてもらいたいと思います。マッサージであれなんであれ、さわるのは猫が嫌がらない範囲にとどめて、少しずつ慣らしていくことが大切です。

「あなたの健康のためなのよ！」と無理強《じ》いすることは、猫のストレスになるだけで百害あって一利なし。そういっても過言ではありません。

また、経絡やツボの位置を、初心者がピンポイントで探すのはちょっとハードルが高いかもしれません。猫は体が小さいのでなおさらです。

ですから、**経絡やツボの正確な位置にあまりこだわらず、「だいたいこのあたり」でＯＫ。**まずは飼っている猫の全身をあちこちさわり、軽くなでてみるところからはじめるといいでしょう。

頭や背中からさわって慣らしていく

猫がさわられていちばん嫌なのは、足先とおなかでしょう。肉球や指のあいだなど、足先にはツボがたくさんあって敏感です。

人間の手にもたくさんツボがありますが、それをそっくり猫足のサイズに縮小したものと考えれば、いかに密集しているかわかりますね。そのうえ、爪《つめ》の出し入れ（ふだんは爪が中に入っていて、ギュッと指を押して爪を出す仕組み）をすることも考えれば、人間以上に敏感な部分なのでしょう。

前足のつけ根の内側、後ろ足のつけ根の内側、お尻《しり》やしっぽなども意外と嫌がる猫が多いようです。内側を見られたり、しっぽを上げてお尻を見る行為などは、猫は嫌うので無理強いしないことです。

反対に、ハードルが低くて**いちばんさわりやすいのは、後頭部から背骨沿い**です。あごの下も好きな子が多いですし、耳、喉《のど》、背骨の両脇なども比較的さわりやすいですね。**頭にさわることができたら、次は背中。そこがクリアできたら、少しずつさわれる範囲を広**

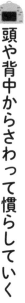

げていきましょう。

これも猫ごとに好き嫌いがあって、背中でしっぽのつけ根に近い部分をさわると気持ちよさそうにする猫もいれば、「しっぽは絶対にイヤ！」という猫もいて、許容範囲は本当にさまざまです。

顔や背中はさわらせてくれても、肩や前足に近づいてきたらダメという猫もいます。様子を見ながら、無理をせずにふれて、慣らしていくようにします。

意外に思われるかもしれませんが、毎日動物を診《み》ている獣医でも、猫の全身をくまなくさわるのは、なかなかむずかしいものです。ほとんどの猫は、知らない人になかなかなんてさわられたくないのです。よほど人間を信頼していておとなしい猫ならともかく、たいていの猫は嫌がるので、なかなか全身をていねいにさわってみることはできません。

ですから飼い主さんが日ごろから全身をさわったりなでたりして、慣れさせてあげていただきたいと思います。

体をさわることは東洋医学の治療の第一歩です。病院での東洋医学のアプローチは、「食事」「ツボ・マッサージ・鍼灸《しんきゅう》」「漢方薬」が三本柱になりますが、**まったく体にさわれな**

いとなるとできることが限られてきます。

たとえば「食欲が落ちてきた」というとき、マッサージや鍼灸で食欲の回復を試みることもできますが、体にさわることができなければ、食事やお水にポトンと漢方薬を入れて「食べてくれればいいんだけど」と猫ちゃん任せになったりするわけです。

シニア猫の場合、無理に体にさわってもストレスを与えるばかりですから、機嫌のいいときにほんの少し、やさしくふれるくらいにして、リラックスさせてあげましょう。

簡単マッサージは1日に2〜3分でOK

さわられても大丈夫になったら、次はマッサージをしてみましょう。入門編として、簡単マッサージの部位を5カ所挙げました（図2）。

〈簡単マッサージのやり方〉

①頭頂部から背中：背骨に沿って手のひらでなでる。全身の免疫力アップ

②両脇：肋骨《ろっこつ》の上を腰方向へ手ぐしでなでる。「気」の流れをアップ

図２　簡単マッサージの部位

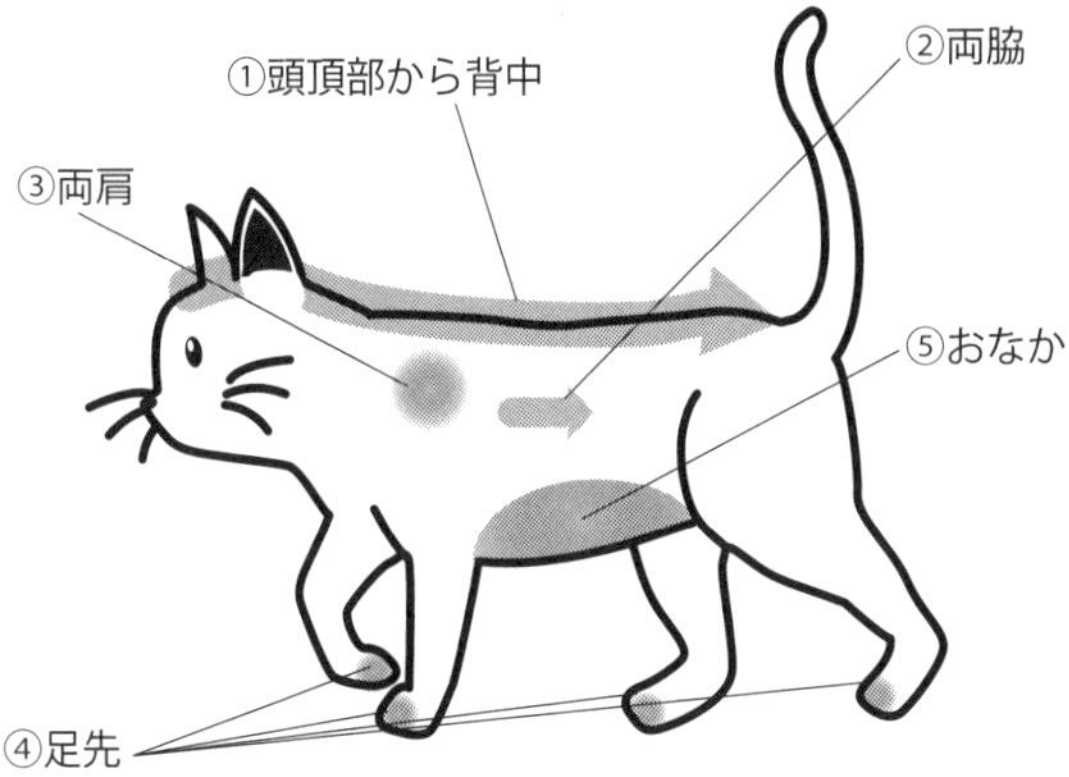

③両肩：肩甲骨《けんこうこつ》を指先で円を描くようになでる。肩こり解消

④足先：横からはさむようにつかみ、足先の表と裏を軽く揉《も》みほぐす。元気アップ

⑤おなか：時計回りに円を描くように、手のひらや指先でやさしくさする。便秘解消

①頭頂部から背中、②両脇、③両肩は、猫にとってもわりあい受け入れやすい場所です。スキンシップが好きな猫なら、難易度の高い④足先、⑤おなかにチャレンジしてみてください。

強すぎず、弱すぎず、猫の顔を見ながら、やさしく、ゆっくりとマッサージします。猫の体温は38度前後と人間より高いので、飼い主さんの両手をこすり合わせて手を温めておくといいですね。
手ではなく、**歯ブラシを使ってマッサージするのもおすすめ**です。

マッサージされて猫が気持ちいいと思う時間は2～3分くらいです。これは第4章で述べるツボへのマッサージも同じです。あまりさわられたくない猫であっても、2～3分くらいまではマッサージができるようになるといいですね。

たとえば、まったくさわらせてくれなかった猫が、半年くらいかけて頭だけでもなでられるようになったなら、これは大きな進歩だと思います。頭は熱を感じられる場所なので、猫の体が熱いとか寒いとかを感じることができますから。

なかには、マッサージが気に入っていて「もっともっと」という猫ちゃんもいます。**マッサージ好きな猫であっても、1日10分くらいでおしまい**にしましょう。

マッサージは猫と飼い主さんとのコミュニケーションでもあります。そのまま飼い主さんの膝《ひざ》の上で寝てしまったりする姿を見ると、人間のほうが癒《い》やされますね。

毛玉は体調が落ちているサイン

マッサージを毎日ちょっとずつでもつづけると、大切な猫ちゃんの体の不調や体調の変化に早めに気づけるというメリットもあります。

「マッサージをしていたら、湿疹《しっしん》があったんです」

「おなかをさわっていたら、しこりがあるみたいで……」

と、来院される方は少なくありません。

毎日頭をさわっていれば、「今日はいつもより熱いな」などと感じることもできます。

そうした症状も軽いうちなら早く治るし、腫瘍も早期で小さいほど治療効果は高いと考えられます。早期発見・早期治療は、寿命を延ばすことにもつながるでしょう。

未病という点で、マッサージの際に気をつけていただきたいのが、次のようなことです。

「いつもさわっているときよりも、猫が嫌がる場所がある」

「毛玉になっている場所がある」

これらははっきりとした症状としてあらわれていなくても、痛みや不調、体力低下の兆《ちょう》候《こう》かもしれないからです。

とくに毛玉は、猫の日常的な動きのなかで、足のつけ根など動きのあるところにできやすいものです。長毛の猫の場合、高齢になってくると水分量が減って毛がもつれやすくなるために、毛玉ができやすくなります。ほどいてもほどいても、硬い毛玉がすぐにできてしまいます。

昔はこんなに毛玉にならなかった、ということであれば、それは皮膚《ひふ》の新陳代謝《しんちんたいしゃ》も含めて、**体調が落ちてきているサインかもしれません。**

また、**毛玉が多いと皮膚炎《えん》が起きやすくなります。**

猫の皮膚はとても薄いので、毛玉がフェルト状になって脇などにベタッとくっつきはじめると、皮膚もいっしょにその毛玉に巻き込まれてしまいます。とくに高齢になって、脱水状態にある猫は、皮膚がすごく薄く伸びた状態になっています。

そうなると、毛玉を取るのもなかなかむずかしく、飼い主さんがハサミでチョキンと切ろうとすると、皮膚も巻き込まれているのでいっしょに切ってしまう、などということも起こります。

というわけで、毛玉といってもなかなかあなどれません。

「以前より毛玉が増えてきたみたい」と気がついたら、後述するような水分補給のケアをしたり、動物病院に行ったりして対応を考えてみてください。

猫の体力が回復してくると、皮膚の新陳代謝がよくなって、ハリがだんだん戻ってくるので毛玉はできにくくなります。

ツボで体調をととのえ元気増進

東洋医学では、全身の「気血水《きけつすい》」の流れが滞ると、体調が低下したり病気になったりすると考えられています。この「気血水」が流れているのが経絡であり、体に変調が起きたとき、経絡上で反応のあらわれる場所がツボでした。

このツボに刺激を与えて、気血水の流れをよくすることで体調不良や病気を改善しよう、というのが、ツボのマッサージや鍼《はり》やお灸《きゅう》を使った鍼灸《しんきゅう》の考え方です。

先に「経絡は線路、ツボは駅」といいました。治療法の違いをわかりやすくいうと、**「線路上にトラブルがないか点検するのがマッサージ」「駅の修繕をおこなうのが鍼灸」**というイメージになるでしょうか。

いずれにしても、ツボを刺激すると、内臓をはじめさまざまな器官が反応して、体調がよくなったり病気が改善したりします。たとえば人間の場合、手の甲で親指と人差し指の骨が深く交わるところに「合谷《ごうこく》」と呼ばれるツボがあり、便秘に効果的で頭痛や肩こりの改善にもいいとされます。

東洋医学での考え方は人間も猫もいっしょです。**猫もうまくツボを刺激してあげれば、体調をととのえて元気増進につながります。**

「手」には自然治癒力を引き出す力がある

猫が体にさわらせてくれるようになったら、ツボを探っていきましょう。あくまでもやさしく、ソフトに探していきます。

本書で使うおすすめツボを図3に示しました（体質別のおすすめツボは、第4章で説明します）。

ツボがあるとされるあたりを**指先でスーッとさわっていくと、ちょっとだけへこむとか、**

図３　本書で使うおすすめツボ

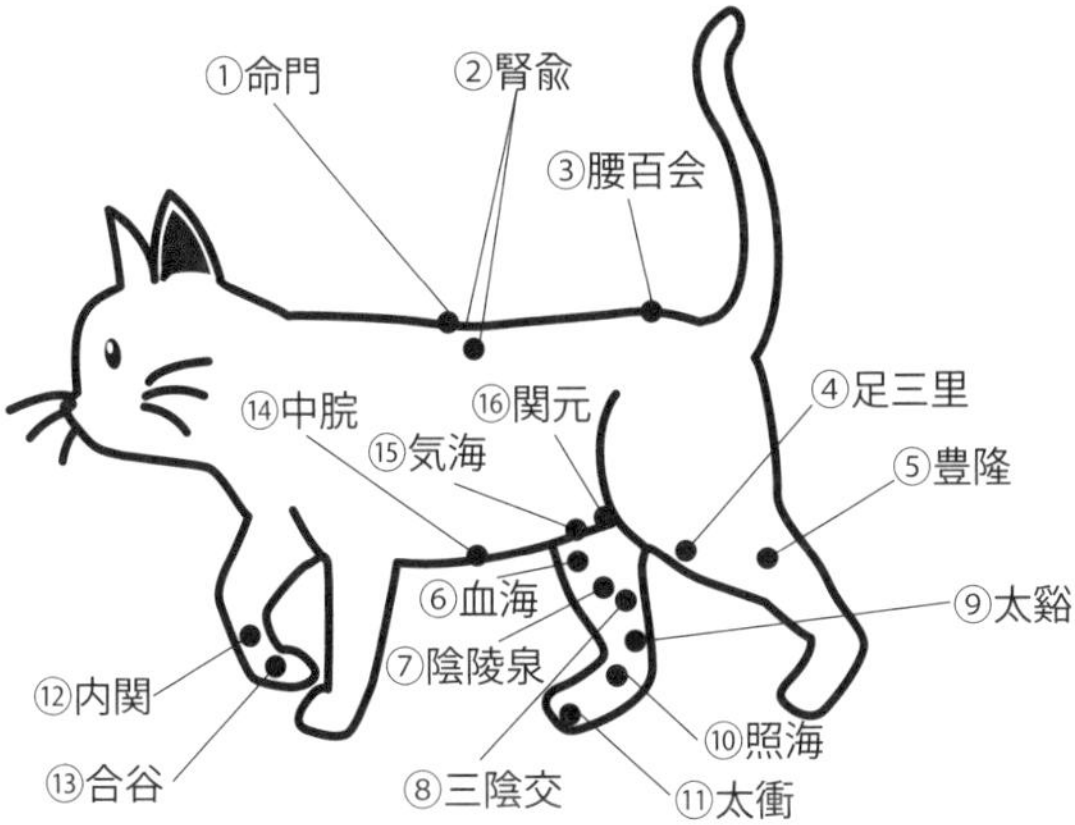

ちょっと盛り上がっているとか、少しだけさわり心地が違う場所があります。そこがツボにあたります。

ただし毛に覆われているので、最初のうちは、すぐわかるというわけにはいかないかもしれません。

でも、その周辺には必ずあります。だから、ピンポイントで探したりせずに、**その周辺に手を置いてみる、あるいはやさしくさするだけでもいい**のです。

そもそも、その猫の筋肉の張り方やその日の体調によって、ツボは微妙に位置が変わってくるものです。ツボの位置の説明にはよく、「××の骨から指○本分下」などと書かれていたりしますが、「指何本だから、ここのはず」と決めつけてしまうと見当違いの場所にもなりかねません。

飼い主さんの手の感覚を使ってソフトに探すようにしないと、ツボはなかなか見つけられないので、ツボの厳密な位置にはあまりこだわらないほうがいいでしょう。

病気やケガを治療することを「手当て」といいます。**昔から体の具合の悪い場所に手を当てると、不思議に症状が改善することが知られていた**からでしょう。手には自然治癒《ちゆ》力を引き出すことが経験的にわかっていたのです。

猫も同じです。**信頼関係のある飼い主さんがやさしく手を当てることで、ピンポイントでなくても効果的なツボ刺激になります。**

猫に「イタ気持ちいい」はない

このとき注意すべきは、「猫が許容する範囲を絶対に越えない」ということです。**猫が「気持ちいいよ」という顔をしているのがいちばん大事**です。嫌がるのをひきとどめたり、「もう嫌だ！」と怒りだすようなことはしてはいけません。

気持ちいいツボに機嫌のいいときにさわられると、やはり猫も気持ちよく、リラックスします。でも、かまってほしくないときにさわられるのは嫌なのです。

しかも、人間は自分たちの「ツボ押し」のイメージがあるので、つい過剰になりがちです。猫にとっては刺激の強いツボにうっかりふれてしまうこともあります。

ツボ押しでよく聞く「イタ気持ちいい（痛いけど気持ちいい）」という言葉がありますね。そのイメージからついつい力も入りがちです。

でも、これは猫にはすごく迷惑なこと。なかには、おとなしくさわらせてくれる猫ちゃんもいますが、そんな子はかなり珍しい存在です。

くり返しになりますが、無理強いは禁物です。

猫のツボは「押さない」で

ツボ押しと書きましたが、**猫のツボには「押す」というイメージはもたない**ようにしましょう。

たとえば、鍼《はり》治療をおこなっている獣医さんに行って、「ここの部分をこのくらいの強さで押すといいですよ」と教わっている場合はいいと思いますが、本などで独習して（この本も含めてです）初めておこなうという場合、「押す」ことはおすすめしません。刺激が強すぎるケースが少なくないからです。

人間用のツボ押しグッズなども使わないでください。

手でさすったりマッサージする際には、**小柄な猫ちゃんには手のひらでなく指でも大丈夫です。指先でソフトにくるくる回すようにふれてください。**

手でふれる以外では、**歯ブラシでシャッシャッとなでる**のもいいですね。

背中や足の内側のツボなどを歯ブラシでシャッシャッとなでられると気持ちよさそうにします。歯ブラシでなでられるのは、舌で毛づくろいされる感覚に近いようです。また、涙が出やすいとか、目をかゆがって床にこすりつけたりしているような場合、あるいは顔面神経麻痺《まひ》のような症状の子などは、歯ブラシで顔をシャッシャッとなでてあげると顔の周辺にあるツボを刺激できます。

体毛のブラッシングのようにザーッと長くとかすのではなく、短くシャッシャッとするのがコツです。

なお、**ツボ刺激やマッサージはいつおこなってもいいのですが、食後すぐの時間帯は避けるようにしましょう。**

満腹だと、猫もご機嫌で嫌がらずにさわらせてくれるかもしれませんが、その状態でツボに刺激が入ると**経絡の流れが変わり、消化モードだったのにスイッチが切り替わってしまうこともある**からです。

食後30分以上経っていれば問題ありません。

お灸が向かない体質もある

ツボへの刺激では、温熱治療をすることもあります。

温熱治療は、ツボに熱を入れることで「血《けつ》」のめぐりをよくする方法です。お灸や棒灸《ぼうきゅう》（棒状のお灸）、湯たんぽなどが有名ですが、私のクリニックではやけどをせずに温熱刺激が与えられる、電気の温熱器を使っています。

極度に寒がるようなシニア猫などは、夏でもエアコンで冷えて体調を崩すこともあります。こうした体が冷え冷えしている猫、体質でいえば「寒がりタイプ（冷え症・陽虚）」

には温熱治療はおすすめです。

たとえば、冷房の中にいるシニア猫で、おなかなど体の一部がすごく冷えて下痢《げり》をしている場合、「足三里《あしさんり》」（第4章参照）という膝《ひざ》下のツボに熱を入れたりします。

温熱治療はツボにしっかり熱を入れて温めるので、体の機能を上げる働きをします。西洋医学的な言い方をすると、自律《じりつ》神経系や内分泌《ないぶんぴつ》系のバランスをととのえ、免疫力のアップにもつながることがわかっています。

私のクリニックには温熱治療好きの常連猫ちゃんがいます。来院すると、「いつもの、ちょっとやってくれ」という感じで横になり、終わると本当に気持ちよさそうに伸びをしたりして。

最近は、時間がきて「すみません。今日はここまでで」といって切り上げると、「え～、もうおしまい？」とでもいう感じで名残惜《なごりお》しそうに帰っていかれますね。

このように、温熱治療はとても有効な方法ですが、注意しなければいけないことがあります。

温熱治療はすごく冷えている猫にはいいのですが、そうではない猫、「暑がりタイプ（の

温熱治療で体を温めて、気持ちよさそうにしています

ぼせ・陰虚）」の猫などには、あまり熱を入れたくありません。

というのも、猫には体内の水分量が不足ぎみになりやすい、つまり、軽い脱水症になることが多いという特徴があります。

こうした場合は、水分をしっかり入れたうえで熱を入れなくてはなりません。**体内の水分量が不足している状態で熱を入れると、熱くなりすぎてしまうことがあり、さらに脱水症が進んでしまいかねない**からです。クリニックでは点滴を併用することもあります。

また、真冬は温熱治療もしやすいのですが、夏場の暑いときは判断がむずかしくなります。前述したように、冷房で体調を崩す猫もいるので、完全に温熱治療がダメというわけでもないからです。

私のクリニックで温熱治療をするときは通常、50度くらいの設定にしてありますが、その子の体質・体調を見ながら、夏は45度、冬は55度くらいに調節しています。

体の水分量を見きわめたうえで、温度を調節したり、時間を短めにするといった加減が大切です。

猫の「冷え」と「熱」はここでわかる

猫の冷えがわかりやすいのは足先、つまり肉球と足首です。

冷えているときは、上からパッとさわるとひやっとします。足のツボに温熱治療をするといいのはそんなときです。ただ、膝やかかとから下にあるツボにピンポイントで熱を入れるのは、初心者にはなかなかむずかしいかもしれません。足だけでなくおなかも冷えているときは、腰のツボ（第4章で説明する「腎兪《じんゆ》」「命門《めいもん》」）が有効です。

反対に、**耳が熱いのは確実に熱がある**ことを示しています。耳が熱い猫に熱を入れてはいけません。

基本的に猫の耳はひやっとしているものですが、運動した後や興奮したときなどは、けっこう熱くなっています。**耳の先端は熱を抜く大事なツボ**なのです。そこがうまく機能していれば熱はヒュッと抜けて、またひやっとなります。

ところがつねに耳が熱く、熱がたまりやすい猫がいます。そんな子は頭も熱くなります。したがって、**耳が熱いときには温熱治療は絶対にしないでください。**

足先が少し冷えていたとしても、耳が冷えてくるまでは、手で温めるとか毛布などを1枚かけてあげるとか、さすってあげるなどで対応しましょう。

猫のお灸は獣医師に相談して

たまに「頑張ってうちの子にお灸をしています」とおっしゃる飼い主さんがいます。飼い主さん同士で話したり、ネットなどでいろいろと調べたりして「この病気のとき、こんなお灸の治療をしてすごくよかった」と情報収集にも熱心です。

だれに相談したらいいかわからないというとき、ネットでツボやお灸のことを知って、自己判断でやってみる人もいます。

「うちの子の具合が悪そう。なんとかしてあげたい」「大切な猫にもっと健康になって長生きしてほしい」という思いなのでしょう。

パッと見たところ同じ症状があって、西洋医学的には同じ病名がついていても、冷え（陽虚）と熱（陰虚）が全然違うことがあります。東洋医学が重視する**「体質」から見ると、お灸が合う・合わないがまったく逆になったりもする**のです。

でも、同じ病名がついていると、飼い主さんとしては「お灸でよくなったのなら、うちも試してみよう」となりやすいものです。

飼い主さんのなかには、ご自分もお灸を好んで、市販のお灸を使っている方もいますから、「動物にもいいと聞いたから」と実践《じっせん》するケースもあります。

お灸はやりやすいケアではありますが、少し注意が必要です。

東洋医学には、お灸と同じくツボ刺激に使う鍼《はり》治療があります。私は犬には8～10本くらいの鍼を打ちますが、猫の場合は通常3～4本、多くても6本と、犬より少ないです。

やはり、猫は体も小さく刺激や快・不快に敏感なので、慎重におこなっているのです。気をつけないと、猫のためにと思ってやったことが、かえってストレスになってしまうことが多々あります。

「ストレスになるようなお灸はしない」――つまり、人間が頑張ってはいけません。猫にお灸をしてあげたい方は、まずは東洋医学の獣医師にご相談ください。

ごはんで体を養生する

ごはん＝食養生という考え方

東洋医学では食事をとても重視します。第２章でチェックしてもらったように、東洋医学では猫の体質を７つのタイプに分類できます。それぞれのタイプで、健康を維持するための食事のポイントが異なります。

食事によって病気を防ぎ健康になろう、体調不良を改善しようとするのが「食養生《しょくようじょう》」です。「養生」とは文字どおり、健康を維持して生命を養うこと。そのために、食習慣やさまざまな生活習慣をととのえることを意味します。

東洋医学では、薬を出すことと同じくらい、あるいはそれ以上に「養生」を大切にします。**病気になる前、ちょっと体調が悪いくらいの「未病」の状態で治してしまうのがいちばんいい、**と考えるからです。**病気をよせつけないための食事をしよう、**という発想です。

考えてみれば当たり前のことですが、猫の全身は頭から爪の先、しっぽまですべて食べたものでできています。体の材料をとり入れる大事なプロセスが食事ですから、猫の体質や状態によって食事の量も、必要な栄養素も変わります。

年齢で一律に決まるのではなく、〝十猫十色〟で変わってきます。猫の体質や様子をよく見ながら、食養生をしていきましょう。

ただ「食養生」を実践するうえで、猫ならではのむずかしさがあります。**猫は食感など食べ物の好みに強いこだわりがあって、なかなか嗜好性《しこう》を変えられません。フードでも気に入った銘柄のものしか食べてくれなかったりします。**そこが犬と違うところで、いろいろな食材を試してみることがなかなかむずかしい。

いちばん手を焼くところなので、飼い主さんの工夫が必要です。

ひとつ、忘れないでいただきたいのは**「猫は犬よりも肉食」**ということです。

犬が集団で狩りをするのに対し、猫は単独で狩りをする動物なので、自分より小さな獲《え》物《もの》、たとえばネズミやトカゲなどの小動物、小鳥や昆虫などを捕まえます。

都会ではネズミはあまりいませんが、トカゲや蝶《ちょう》、セミなどを捕まえているのを見たことがあるのではないでしょうか。本来がそうやって動物性のものを食べている動物です。

キャットフードはそんな猫の特性に合わせてつくられているのです。

ドライフードにはトッピング

キャットフードの大半は、総合栄養食と一般食に分けられます（このほかにも副食、特別療養食、おやつなどもあります）。

総合栄養食には、ドライフード（袋入りのいわゆる「カリカリ」）とウェットフード（いわゆる「猫缶」やレトルトパック）があります。この2つの大きな違いは水分量。**ドライフードは水分量が10％程度、ウェットフードは75％程度**です。

図4　キャットフードの種類

<総合栄養食と一般食>

・総合栄養食＝主食のフード。ドライとウェットの２種類ある
・一般食＝おかずのフード。ウェットがほとんど

<ドライフードとウェットフード>

・ドライフード（「カリカリ」）　＝水分量は約 10%
・ウェットフード（猫缶やレトルトパック）＝水分量は約 75%

総合栄養食のドライとウェット　＝５：５のバランス
総合栄養食のドライと一般食のウェット＝８：２のバランス

総合栄養食のドライフードと水だけで、猫は健康を維持できます。保存もきくし、ウェットフードよりも安価な点もありがたいですね。

ただ、注意しなくてはいけないのが、**ドライフードだと水分が不足しがち**な点です。水を十分に与えて、猫が飲んでくれないといけません。

飼い主さんには、「食いつきがいいから」と、**ドライフードをメインにして、猫缶をトッピング**されている方が圧倒的に多いようですが、これはいい与え方だと思います。水分をとることが大切な猫にとって、**ウェットフードで少しでも水分量を確保できる**からです。

ときどき「ドライフード＋猫缶の組み合わ

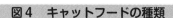

せでは、栄養がありすぎて太ってしまうのでは？」と心配する方もいますが、１日に必要なカロリー以上に食べすぎなければ大丈夫です。もし太ってしまったのなら、「栄養がありすぎたから」ではなく「食べすぎ」「与えすぎ」ですね。

また、ウェットフードの猫缶やレトルトパックにも、総合栄養食と一般食があります。おかずとして食べる一般食は、猫の好みに合わせて選べるよう、マグロだけとか鶏肉だけといった商品です。

総合栄養食だと思って一般食の猫缶だけを与えていると、気づかないうちに不足する栄養素が出てしまうので、注意してください。

「総合栄養食のドライフード＋猫缶・レトルトパックのトッピング」は手軽で合理的です。本来は「総合栄養食のウェットフードが１００パーセント」が理想的ですが、費用や歯石《しせき》の問題、置きエサに適さないという状況もあります。**バランスとしてはドライフードとウェットフードは5割ずつが理想です。**

総合栄養食のドライフードと一般食のウェットフードを合わせる場合は、「ドライ8割＋ウェット2割」くらいのバランスをおすすめします。

トッピングには加工していない食材を

総合栄養食のキャットフードは栄養的には完結しているので、ドライフード＋トッピングの猫缶・レトルトパックという組み合わせで必要な栄養をとることができます。

ただ**東洋医学的にいえば、加工していない食材もとってほしい**と思います。猫の体質に合ったトッピングなら、さらに望ましいでしょう。ふだんがドライフードなら、週末だけ少し手を加えてスペシャルメニューとしてあげてもいいですね（体質ごとのおすすめ食材については次章で説明します）。

トッピングには、大きすぎない魚をおすすめしています。マグロより、アジやイワシです。

猫によっては魚の小骨が平気な子もいるし、気になる子もいます。人間が生《なま》で食べるような新鮮さであれば、生でもかまいません。

トッピングの量はほんの少しで大丈夫。夕食でお刺し身があるときは、猫ちゃんに一切れあげるのもいいと思います。

手づくりごはんも、トッピング用なら簡単です。

「愛する猫ちゃんのためにごはんを手づくりしたい」と考える飼い主さんもいます。大事なのは「それを猫が喜んで食べるかどうか」ということですから、手づくりごはんにチャレンジするときは忘れないようにしてくださいね。

大好きなおやつはご褒美であげる

おやつが大好きという猫は多いので、私もコミュニケーションのツールとして使うことがあります。

たとえば、**マッサージが好きではない猫に、マッサージをしながら、おやつをあげて、なめさせながらさわる**といった使い方もできます。

また、爪《つめ》切りとか、病院で検査を受けたあとなど、がまんしたときにご褒美《ほうび》としてあげるのもいいですね。

私の飼っている猫は病院の検査が大嫌いですが、検査のあいだはずっと「ちゅーる」をペロペロなめています。夢中でなめているあいだにあちこちさわられ検査されているので、

終わると、

「押さえつけられたりさわられたりしたけれど、『ちゅーる』がもらえたから、まあいいか」

といった顔をしています。

すべての猫にこの方法が通用するわけではないでしょうけれど、食いしん坊の猫ちゃんにはかなり有効な方法です。

寒天ゼリーでらくらく水分補給

猫はもともと砂漠《さばく》で暮らしていた動物なので、体のつくりが水分節約型になっており、水分をあまりとりません。そのため、腎臓《じんぞう》病になりやすいと述べてきました。

猫にとって水分補給は非常に大事です。しっかり水を飲んでほしいところですが、やはり猫はマイペース。頼んでも飲んではくれないので工夫が必要です。

まずは家の中の水飲み場を増やしましょう。キッチン、風呂場、廊下など、あちこちに水飲み場があるといいですね。

おすすめは「寒天ゼリー」。ごく薄いかつおのダシを、寒天でゼリー状に固めたものです。

ほぼ100パーセント水分ですが、かつお風味なのでよろこんで食べます。私も自宅で飼っている猫に、この**寒天ゼリーをドライフードにトッピングしたり、混ぜたりしています**。つくり方はとても簡単です。

〈寒天ゼリーのつくり方〉

・500ccの水に、小分けパックになっているかつお削り節（2・5g）を入れて火にかけ、沸騰《ふっとう》したら漉《こ》して薄いダシをつくる。うっすらと色がついて、かつおの風味がかろうじてあるくらいの濃度でOK。

・そこに寒天パウダーのスティック1本（4g）を入れて、かき混ぜながら火にかけて完全に溶かし、バットなどに移す。冷蔵庫で冷やして固まったらできあがり。

寒天パウダーは、ダシが冷えてから投入して再加熱したほうがきれいに溶けますが、あまり気にしなくてもいいでしょう。

猫1頭あたり、500ccの寒天ゼリーで5～7日分です。冷蔵庫で保管して、ドライフードにトッピングしたりして、**1週間以内には使い切る**ようにしてください。

図５　「寒天ゼリー」でらくらく水分補給

材料

水500cc、かつお削り節パック2.5g、寒天パウダー（スティック１本4g）

つくり方

①水に削り節パックを入れて火にかけ、沸騰したら漉して薄いダシをつくる。（うっすらと色がついて、かつおの風味がかろうじてあるくらいの濃度）

②寒天パウダーを①に入れ、火にかけて溶かす。冷蔵庫で冷やして固まったらできあがり。

＊猫１頭あたり、500ccの寒天ゼリーで５～７日分（１日分70～100g）

＊冷蔵庫で保管し、１週間以内には使い切る

＊塩分など調味料は入れないこと。粉末の顆粒ダシなどは使わない

＊甲状腺の病気がある猫には与えない

冷たいままだと嫌がる猫もいるので、あまり食べないようなら常温に戻してからあげましょう。

かつおダシだけでなく、**ささみの茹《ゆ》で汁**が大好きという猫もいます。**いりこダシでもあごダシ**でも、猫の好みに合わせていろいろ試してみてください。

注意点は塩分を含まないようにすること。だから粉末の顆粒《かりゅう》ダシなどは使えません。塩や醤油《しょうゆ》、酒、砂糖といった調味料もいっさい入れないようにしてください。

「寒天ではなくゼラチンでもよいのでは？」と思われるかもしれませんが、**ゼラチンは動物性のコラーゲンをもとにつくられており、腎臓や肝臓に負荷がかかるのが心配**です。

ただ、**甲状腺に問題のある猫は寒天ゼリーは避けたほうがよい**でしょう。海藻類に含まれるヨードが、甲状腺機能を変動させることがあるからです。

また、**猫に与える水は、もっともいいのが日本の水道水です。**日本の水道水は、ほとんどの地域でミネラル分の少ない軟水《なんすい》だからです。

もしペットボトルの水を与えるなら、日本ブランドの軟水にしましょう。**硬水《こうすい》のミネラルウォーターは避けてください。**カルシウムやマグネシウムなどのミネラルが含まれており、猫にとっては濃度が高すぎるため、腎臓への悪影響が心配です。

ドライフードは１年ごとに切り替えたい

水分をしっかりとることと並んで、食べることは健康を維持するためにとても重要です。食べ物の好みにうるさいのが猫とはいえ、いつも食欲が変わらず、旺盛《おうせい》に食べている猫はやはり長生きです。

でも、食べないからといって飼い主さんが頑張りすぎるのもよくありません。もともと猫はかなり食欲にムラがある動物です。しかも好みにこだわりがあって、飽きやすい。

いつものキャットフードなのに食べなくなってしまうこともよくあります。飼い主さんにとってはよく経験していることでしょう。食器に入れて時間が経ってにおいが変わってしまったり、食感が変わってしまうと、見向きもしなくなります。

できれば、**ずっと同じフードをあげるのではなく、1年（＝猫の4年）くらいで新しいフードに切り替えてみていただきたい**と思います。

同じものばかり食べつづけると、慣れているその食べ物が原因となり、食物アレルギーを引き起こす可能性があるからです。アレルギー対策の観点からは、さまざまな種類の食べ物をとるのが望ましいのです。

新しいフードにチャレンジしても、「食べてくれなかったらもったいない」と思いがちですが、ダメ元で試してみるくらいのおおらかさが求められます。

フードを替えたなどの理由がないのに「食べなくなった」というような事態にそなえて、**その猫の「大好きな食べ物」を見つけておきましょう。**もちろん、塩分の高いもの、体によくないもの以外で、です。

猫は「好きなものしか食べてくれない」とよくいわれますが、「大好きな食べ物」があれば、たとえば病気になって食欲がすっかりなくなってしまったときでも、食べてくれる可能性があります。それをきっかけに、食欲をとり戻すこともあります。

鶏ささみや牛肉を茹でたもの、マグロの刺し身など、味つけしないで食べさせて、反応を見てください。

大喜びで飛びつく「大好きな食べ物」がわかったら、1～2ヵ月に1回くらい、デザートのようにあげてください。

喜ぶ姿が見たくていつも与えていると飽きてしまうし、かといってまったく与えないでいると、好みが変わる場合もありますから、タイミングをうまく計ってくださいね。

「なんでもよく食べる猫」は生後３ヵ月で決まる

フードの変化にわりと順応できる猫もいるし、そうでない猫もいます。その違いはなにかというと**「子猫の時期になにを食べていたか」**です。

猫の食性は、生後３ヵ月までにほぼ決まってしまいます。それだけに、食に興味がない猫、食事の変化に用心深い猫に育ってしまうと、なにか新しいものを食べさせるのはむずかしいのです。

本来、野性の離乳した子猫は、母猫が獲《と》ってきたネズミや昆虫、トカゲなどさまざまな小動物を食べて大きくなるのですが、キャットフードだけ食べて育つと、いろいろなものを食べてみる機会がありません。

だからこそ「ドライフード＋トッピング」という方法は、子猫のときから役立ちます。

子猫のうちは、キャットフードで必要な栄養をしっかり確保したうえで、手づくりトッピングを併用しましょう。子猫の場合、臓器や骨がどんどん成長していくので、成長過程の1年間、必要な栄養素を食事にとり込んでいくことが大切です。

必要な栄養素はキャットフードで確保して、手づくりトッピングでウェットな食感や、やや歯ごたえのある食感など、いろいろ混ぜて与えてあげましょう。

そうすると、成長後に好き嫌いの少ない猫に育ちます。長生きに有利な、食事がしっかりとれる猫に育てたいものです。

成長した猫の食性を変えるのはなかなかむずかしいですが、**切り方を変えたりつぶすなどで食感を変えると食べてくれることも**あります。あきらめずに、気長にとり組みましょう。

「食べすぎる猫」のダイエットは慎重に

食べることが大好きな猫に、つい求められるままに食事を与えていたら太ってしまった、というお悩みもよく聞きます。

そんな**太りすぎの猫のダイエットは、獣医師と相談して慎重《しんちょう》に進めなくてはいけません。**

血液検査などで猫の健康状態を確認したうえで、１日に必要な摂取カロリーを計算してもらい、きちんと管理しながらダイエットしていく必要があります。

1年単位の長期戦でとり組むことになります。

人間でも「１カ月で10キロ減！」などという過激なダイエットがありますが、急な痩せ方はリバウンドして失敗しやすいうえに、健康を損《そこ》ないやすくなります。

人間と違って体のサイズが小さい猫の場合、自己流（というか飼い主さん流）の急激なダイエットは非常に危険です。くれぐれも獣医師に相談することをおすすめします。

タウリン不足に注意

タンパク質の材料となるアミノ酸のひとつに、タウリンがあります。人間の栄養ドリンクで「タウリン１０００mg配合！」と宣伝しているテレビＣＭもあるので、耳にしたことのある人も多いでしょう。

じつは人間や犬はタウリンを自分の体内で合成することができるのですが、**猫は合成できないので、食事からとることが絶対に欠かせません。**タウリン欠乏《けつぼう》症になると視力障害や心臓の病気を引き起こすほどの重要な栄養素。猫にとってタウリンは必須アミノ酸なのです。

猫用の総合栄養食には必ずきちんと含まれていますが、一般食が多かったり、手づくりごはんで、たとえば茹でたささみに少しだけ野菜を混ぜる、といった食事をつづけたりしていると、タウリンが不足してきます。

タウリンが豊富に含まれているのはイカ・タコ類や貝類ですが、これは猫が食べてはい

けない有害な食品です。 イカやタコにはビタミンB_1を分解する酵素《こうそ》が含まれており、ビタミンB_1欠乏症（脚気《かっけ》）で筋力低下や歩行障害を起こす恐れがあります。

また貝類には、日光に含まれる紫外線と反応して毒物になる成分があり、毛の薄い耳などにひどい皮膚炎を発症させることがあります。

小動物を捕まえて丸ごと食べている猫なら、獲物の内臓からタウリンを確保できるのですが、**一般食や手づくりごはんはタウリンが不足することもある**ので、注意が必要です。人間にとっては「茹でたささみと野菜」の手づくりごはんは健康によさそうですが、猫にとっての体にいいもの、悪いものは人間とは違います。

猫に人間の食べ物を与えてはいけない

人間にとって健康にいい、体にいいとされている食べ物が、猫にとっては有害というケースもしばしばあるので注意が必要です。「健康で長生きしてほしい」と願って食べさせて、かえって健康を損《そこ》なってしまっては大変です。

たとえば**タマネギやニンニク、青ネギなどのネギ類は、猫の赤血球を壊して貧血を起こ**

す可能性があることは、飼い主さんもよくご存じのことでしょう。

「タマネギは血液サラサラ効果がある」というのは人間の話。猫に与えてはいけません。もしこうしたネギ類を食べて、衰弱《すいじゃく》や食欲不振になったり、おしっこの色が赤くなったりしたら、獣医師に相談してください。

また「ポリフェノールがたくさん含まれているから体にいい」といわれる**チョコレートも有害**です。チョコレートに含まれるテオブロミンという物質のため、ひどく興奮して下痢や嘔吐《おうと》を起こします。

ひどくなると動悸《どうき》や不整脈《ふせいみゃく》を起こしたり、全身にけいれんが起きて命に関わる場合もあるので、もし猫が食べてしまったらすぐに獣医師の診察が必要になります。「いつ食べたのか」「どのくらい食べたのか」をしっかり伝えましょう。

つけ加えるなら、**アルコールは絶対にダメ**です。猫の体はアルコールを人間のようには分解できないので、死にいたることさえあります。かわいいからといって、なめさせたりしてはいけません。

また、室内にユリやヒヤシンスなどユリ科の植物を飾っておくのも絶対にやめましょう。**猫にとってユリは急性腎不全を引き起こす猛毒**です。うっかり葉や茎をかじったり、花粉

図６　猫が食べてはいけないもの（まとめ）

- **ネギ類（タマネギ、ニンニク、ニラ、らっきょうなど）**
- **チョコレート（カカオ）**
- **生のイカ・タコ・エビ、貝類、アワビやサザエの肝**
- **コーヒー、アルコール、キシリトール、人間用の薬やサプリメント**
- **ユリ科の植物（ユリ、スズラン、ヒヤシンスなど）、スイセンなど**

をなめたりしたら、とりかえしのつかないことになりかねません。

猫が食べてはいけないものを図６にまとめておきました。

子猫のときからキャットフードを食べて成長してきた猫の場合、基本的に人間の食べ物には関心を示しません。ところが**年をとってくると、人間が食べているものをほしがるようになる猫もいます。**

若いときにはまったく受けつけなかった食べ物を、好んで食べたがることもあります。なぜ好みが変わるのかは不明ですが……。

しかし、**人間用に味つけした食べ物は、猫にとっては塩分が高すぎます。**猫は腎臓の弱い動物なので、過剰な塩分は寿命を縮めることになります。慢性腎不全《まんせいじんふぜん》はシニア猫にとって非常に多い病気であり、死因の第1位になっています。

かわいいから、ほしがるからといって、人間の食べ物を与えてはいけません。

猫は糖尿病にかかりやすい

野生のネコ科の動物全般の習性として、食べ物を探すときだけ動いて、あとは木の上や根元、岩かげなどの隠れ場所などで寝ています。飼い猫も同じ習性を引き継いでいるので、狩りをしなくてよい環境になると寝てしまいます。

寝てばかりいるから、ネコと呼ばれるようになったとされるくらいですから、猫はよく寝ます。子猫なら1日に20時間くらい寝るのが普通で、成猫でも1日の3分の2くらいは寝ているといわれます。

運動不足になりがちなので、1回に食べる量が多くなれば肥満になります。

遺伝的に太りやすいケースもありますが、食事をしたらバタンと寝てしまい、動くのもあまり好きじゃないという猫や、一頭飼いで飼い主さんも遊んでくれないという猫は、やはり太りやすくなります。

運動不足と食べすぎで糖尿病の危険性が高くなるのは、やはり人間と同じなのです。

しかも、**猫は糖の分解が苦手**で、糖の分解をするのにすごく時間がかかってしまいます。体重あたり犬と同じだけの食事量をとったとすると、分解にはおそらく2倍以上の時間がかかります。

糖《とう》質《しつ》や脂《し》質《しつ》で、カロリーをたっぷりとるのは避けるべきでしょう。

腎臓病があると低タンパク食にすべきか

最近は総合栄養食のなかでも、「全年齢適応タイプ」という子猫からシニア猫まで元気であるかぎり、ずっと同じでいいタイプのフードが登場していて人気です。私も、**健康な猫は年齢でフードを替えなくてもいい、量を調整してトッピングで工夫するのがいい**と考えていますが、フードの主流は年齢別に切り替えていくタイプです。

「年齢別切り替えタイプ」のフードでは、10歳前後になるとシニア用への切り替えがすすめられます。これは、年齢とともに腎臓の機能が低下して、腎臓病と診断される猫が増えてくるからです。濃い尿を出す体の仕組み上、腎臓に負担がかかるのです。

腎臓病になると多くの場合、低タンパク食をすすめられます。タンパク質を減らして、必要なカロリーを脂肪《しぼう》分でとるような食事です。これはタンパク質をとると、その代謝《たいしゃ》が腎臓に負担をかけるため、低タンパク食なら負担が減るという発想です。

低タンパク食にすると、たしかに血液検査の数値的にはよくなったように見えるのですが、摂取する脂肪分は増えているし、全身の細胞が必要としているタンパク質は不足してきます。そうなると、**血液検査の数値はよくても長生きはしにくくなってしまいます。**

もし獣医さんに「腎臓の機能が落ちていますね」といわれ、低タンパク食をすすめられたら、よく相談されたほうがいいと思います。

本当にいまから、タンパク質の制限をしなければいけないのか。するとしたらどのくらいのペースがいいのか、などを聞いてみましょう。

少なくとも私は、若いうちからやみくもに低タンパク食に切り替えることはおすすめしていません。

図７　フード選びの注意点

・食品表示リストがタンパク質からはじまっているもの（＝タンパク質の含有量が多い）がおすすめ

・コーン、ポテト、大豆などの糖質が多いものは避ける

・船便で輸送される輸入フードは、酸化して劣化しやすい

・大袋のフードは食べ終えるまでに時間がかかり、劣化しやすい

フードを見分けるポイント

腎臓病の予防や、悪化を抑えるためには、水分をしっかりとることが大切です。

そのため、少し前まで初期の腎臓病用のフードは、水分をとらせたいためにちょっと塩分が高めでした。しかもカロリーをとらせるためにも脂肪分はちょっと多め、という製品が多かったのです。

でも、腎臓が悪いのなら塩分はひかえるべきだし、必要なカロリーを脂肪分で補うのも望ましいことではありません。療養食とはいえ、やはりこれは本末転倒でしょう。

最近では、**「高タンパク食のほうが腎臓にはいい」**という考え方も広まってきたため、タンパク質の含まれ

る量も変わってきました。いまの製品には、以前ほど本末転倒のものはないはずです。

それでも、タンパク質の量を抑えて、**コーンとかポテト、大豆といった猫があまり得意ではない炭水化物（糖質）を多くしているフードはまだまだあるので、注意が必要**です。

フードを選ぶ際の注意点を図7にまとめておきました。

猫の健康にはとにかく水分をとる

腎臓病になった猫には皮下補液《ひかほえき》（皮下輸液《ゆえき》療法）という処置をおこないます。点滴液剤を背中の皮膚の下に注入し、ラクダのこぶみたいな状態で背負ってもらいます。腎機能が落ちると、水のように薄い尿がどんどん出て脱水状態になってしまうため、体内に水分を補わなくてはならないのです。

もちろん最初は病院でその処置をするのですが、シニア猫だと、自宅で飼い主さん自身が処置をすることも多くなります。猫にとっても、病院に連れていかれて針を刺されるより、自宅で寝ているあいだにされたほうがストレスが少なくてすみます。

針を刺して皮膚の下に点滴をするので、医療行為的なところもあり、材料も一般には手に入らないので、かかりつけの獣医さんに相談することになります。

慣れてくれれば手早くできるようになると思いますが、やはり猫ちゃんにも飼い主さんにもストレスがかかるものです。

皮下補液が必要になるレベルまで腎機能を落とさないために、まず基本のフードと体質に合ったトッピングで食養生をしましょう。そして水飲み場を増やしたり、水が流れる自動給水機の器《うつわ》にしたり、寒天ゼリーなどで、とにかく水分をとるようにすることをおすすめしたいと思います。

ストレスフリーの暮らしの養生法

パーソナルスペースの確保が重要

飼い主さんが見落としがちなことに「猫が暮らす住環境」があります。

猫の健康・長生きにとって重要なのは「ストレスフリーな日々を送れるかどうか」、つまり生活環境にかかっているのですが、その要素のひとつが住環境です。

たとえば広さの問題。ワンルームでひとり暮らしの方が1頭だけ飼っているのは、なんとか合格点かもしれません。2頭、3頭となると、ほかの猫から離れてまったく1頭になることができません。

お互いがきょうだいとか、よほど仲良しならいいのですが、そうでないなら、これはかなりのストレスになってしまいます。

猫は単独で行動できる生き物なので、いくら仲良しであっても、つねに同じ部屋で、いつもべったりいっしょにいるわけではありません。寒いときはいっしょに寝たりもするけれど、それぞれのペースで、それぞれで行動したいものです。

だから、**ほかの猫の気配のない、自分の気配も隠せる空間が必要**になるのです。

理想的には猫の数と同じ部屋数がいいとされますが、とくに都会の住宅事情では簡単なことではありません。

大事なことは、猫が孤独になれる場所があるかどうかですから、もしワンルームで複数の猫を飼っているのなら、**キャットタワーなどで、上下で姿を隠せるような寝床や隠れ家**

をつくってあげるといいでしょう。

そんな場所が何ヵ所かあると、そのときどきで自分の気に入ったところに潜《もぐ》り込めるので、猫は安心できます。

パーソナルスペースの確保は飼い主さんが見落としがちな点ですが、猫の健康・長生きをめざすうえでとても大切です。

間仕切りのようなもので、部屋を分けてみるのもいいでしょう。それぞれに猫のベッドを置いて、お互いの姿が見えないようにするとリラックスできます。

トイレは「猫の数プラス１」

また、ストレスなく生活するためにも**トイレの数は、ベストなのが「猫の数プラス１」**とされています。１頭しか飼っていなくても２個必要、２頭いたら３個必要ということです。

もちろん、排泄《はいせつ》物をそのままにしておくのはダメで、こまめに掃除してあげましょう。

１頭だけいる私の家も、トイレは２個あります。ひとつはちゃんとした大きなトイレ、もうひとつは予備用に小さめのトイレを置いています。どちらも同じようにきれいにしていますが、猫はそのときの気分なのか、使い分けています。

猫はとてもきれい好きで、自分で排泄物をきちんと隠したりする習性があるので、トイレに関してはとくにシビアです。

多頭飼いなのにトイレが共同という場合、ほかの猫の排泄物があるところを使うのはとても嫌なのに、「ゲッ!」と思いつつ我慢《がまん》して使うことになります。

そうやって我慢していると、腎臓に結石《けっせき》ができることもあり、体によくありません。

排泄したいと思ったタイミングで心地よく排泄ができる環境は、ストレスや病気にならないためにも非常に重要です。

1日10分のコミュニケーションを

先に「猫へのマッサージは2~3分でOK」と述べましたが、**猫とのコミュニケーションには少なくとも毎日、10分くらいはとってあげましょう。**

マッサージを10分するのではなく、「猫だけを相手にしている時間」という意味です。

スマホやテレビを見ながらではなく、ちゃんと猫を見ながら遊んであげたり、話しかけたりする時間です。

とくに１頭だけで飼っている場合は、このコミュニケーションの時間が欠かせません。

複数の猫がいれば、飼い主さんの留守中に猫同士でけっこう遊んで発散したり、お互いにグルーミングをしたりしているものです。猫のザラザラした舌でなめあうのは、それなりにマッサージ効果もあります。

一方、飼い主さんが仕事で毎日、長い時間出かけていて、１頭だけで留守番しているような猫だと、やはりストレスを感じてしまいます。

もっとも、のら猫出身の猫であれば、そっとしておくことがいちばんストレスがないということもあります。

猫にとっていちばん重要なのは「ストレスを感じない」ということに尽きます。

「うちの猫はあまり遊びたがらないんですが……」という場合、たとえば机の下などに隠れている猫に、猫じゃらしをジャラジャラと振ってみてください。

興味をもって目で追ったり手を出してきたりするなら、ストレスにはなってはいないのでしょう。そうやってもじっと飼い主さんの顔しか見ないとか、ずっとウーとうなっているようなら、やめたほうがいいです。

シニア猫であっても刺激は必要です。マッサージでも遊びでも、飼い主さんとなんらかのコミュニケーションをすることが大切です。

犬は「人間とコミュニケーションをとって存在したい」と願う動物ですが、猫はちがいます。基本的に1頭ずつで活動する動物なので、その猫その猫の個性を考えたうえで、上手に付き合うことが大事です。

季節の過ごし方のポイント

現代はエアコンのおかげで、暑いはずの夏は涼しく、寒いはずの冬は暖かく、快適に過ごすことが当たり前になりました。

でも、**猫には春夏秋冬の季節を感じられることが大切**です。これは人間もいっしょでしょう。

季節を感じるといっても、なにも特別なことをするわけではありません。家の窓を開

図８　猫に季節を感じさせるひと工夫

・家の窓を開けて、外の新鮮な空気に入れ換える
・窓辺に猫が外を見られる場所をつくる
・冷暖房をオフにして、外の風を室内に入れてみる
・ベランダに５分でも、いっしょに出てみる
・カーテンを開け閉めして昼夜の区別をつける

外の風にふれることで、猫は季節を感じられる

け て換気するといった生活を、ごく普通にしていれば、猫は季節を感じられると思います。

室内飼いの猫は３６５日、ずっと家にこもりっぱなしです。冷暖房を使って快適な室温で過ごしやすくなっていても、やはり生き物ですから、自然の風にあたったほうがいい。

自然の風が入ることを、東洋医学ではけっこう重視するのです。

ただ、都会では、閉め切った環境にいる猫もたくさんいます。タワーマンションのなかには窓の開かない建物もあります。窓は開いても、猫が飛び出すと危ないので開けないという家庭もあって、日差しだけは入るけれども季節は感じにくい環境で暮らす猫は少なくありません。

高層階で生活することは、人間にとってもストレスになりがちです。地面や土にふれないで暮らす子どもが増えて、自然とふれあうよう工夫が求められているように、**猫が季節の移ろいを風のにおいで感じられるようにしてあげましょう。**

換気口を閉め切らないようにして、**朝晩しっかり換気する。**窓が開く建物なら、猫が飛び出さないように気をつけながら、**窓をバーッと開けて部屋の空気を回す**ようにしてください。

あまり冷暖房だけに頼らないなど、季節を感じようとする気持ちをもつようにしていただけると、猫にはありがたいです。

ベランダがあるのなら、5分でもいっしょに出てみるのもいいですね。そんな外の風を感じられる場所に、わずかな時間でも出ることをとくにおすすめしています。

猫の場合、発情期は春先に起こることが多いのです。交尾《こうび》をすることで排卵《はいらん》するので、発情して交尾をすれば100パーセント妊娠《にんしん》する生き物といわれています。

いま、都会で暮らす猫は避妊・去勢《きょせい》しているケースが圧倒的に多いのですが、それだけに**季節を感じられるほうが、体としてはリズムがとりやすい**のです。
季節をまったく感じないでいると、たとえば免疫《めんえき》のような体の機能も落ちてしまいます。

四季によって体のスイッチが切り替わる

東洋医学では、**季節によって脈拍《みゃくはく》が大きく変化する**と考えます。

脈を打つ回数は同じでも、夏になると脈がとりやすくなります。つまり全力疾走《しっそう》したときのようにドクドクとはっきりとわかりやすく打つ。これは体温を外に逃がしやすくする脈です。

反対に冬は、脈を体の奥のほうで打つような、ちょっと静かな脈拍になって、体温を無駄に逃がさないようにします。

そうした脈拍の変化に合わせて、**体の中をめぐる気・血・水のスピードも上がったり、ゆっくりになったり、調節されている**のです。

また、季節的な変化は臓器《ぞうき》にも関係しており、**体はその時期に疲労しやすい臓器にエネ**

ルギーがいくように調整しているとされます。

「五臓六腑《ごぞうろっぷ》」という言葉がありますが、季節によって疲れやすい臓器とはこの「五臓」のことです。

東洋医学では「肝《かん》」「心《しん》」「脾《ひ》」「肺《はい》」「腎《じん》」といい、西洋医学でいう肝臓、心臓、脾臓、肺、腎臓と似ていますが、もう少し大きな意味合いの概念です。

春は「肝」、夏は「心」、秋は「肺」、冬は「腎」、そして季節の変わり目の梅雨時などは「脾」が関係しているとされ、こうした臓器が、それぞれの季節には大きなエネルギーを必要とするので疲れやすいとされます。

たとえば、春は「肝」が疲れやすいのでイライラしやすいとか、精神的に不安定になる人がいる、などといわれたりします。

季節を感じにくくなると、体がもっているこうした切り替わりのスイッチが入りにくくなってしまうのです。

異常気象に猫も苦しんでいる

季節の変化だけでなく、**1日のなかの明暗の変化、昼と夜の変化も重要**です。朝、決まった時間に太陽の光を浴びることで、体内時計がリセットされて生活リズムが生まれます。反対に、夜更かしなどで昼夜逆転の生活をしていると、生活リズムが狂ってしまいます。そこにストレスが重なってくると、自然治癒力が落ちていきます。

もちろん、これは人間も猫も同じです。**カーテンをちゃんと開け閉めして、昼と夜の区別をしっかりつけてあげる**こと。部屋の明かりも、深夜までまぶしいほど点《つ》けておくことのないようにしましょう。

さらに、天気の変化も影響します。近年の異常気象では、人間だけでなく猫も大変な思いをしています。

関節痛や神経痛をもっている猫は、気圧の変化で痛みが出やすくなったりします。てんかんの発作《ほっさ》のような反応をする猫もいます。**気圧の変化が体調に影響を及ぼしている**のです。

家の中にいても、**ゲリラ豪雨《ごうう》の音ですごく恐怖を感じる猫もいます。**逆に、まったく気にならないタイプの猫は、平気で寝ています。

飼っている猫が気象に敏感なタイプなら、天気予報を見て、

「今日はゲリラ豪雨がくるかも」

「週末は雨が降るのか」

などと、**あらかじめ天候の変化を把握しておくようにしましょう。**急に猫の様子が変わってあわてるのではなく、想定内に思っておく余裕も大事です。

「自然の変化」を感じる大切さ

第1章で自然治癒力についてふれましたが、この力は、たとえば自分の周囲の環境が変わっても、体の中を一定の状態に保つような仕組みとセットになっています。

たとえば冬、暖かい部屋から寒い廊下に出ても、体温は変わりません。

「猫は毛皮を着ているし、人間は服を着ているからじゃないの？」という声があがりそうですね。

これは、体には体温を一定にする仕組み――体表の毛細《もうさい》血管がきゅっと縮んで熱を逃がさないようにしたり、筋肉が熱を発生させるようブルブルとふるえが起こったりするメカ

ニズム――が備わっているからです。

こうした**「周囲の環境が変わっても、体の中を一定の状態に保つ仕組み」**（恒常性《こうじょう》＝ホメオスタシス）が猫や人間などの動物には働いているのです。

周囲の環境の変化とは、気温の変化や、外敵に襲われること、病原菌がうようよといる場所に行くこと、ケガをしたり病気にかかったりすることなどがあります。そうしたさまざまな変化に直面したとき、生き物の体は元の健康な状態に戻ろうとします。

自然治癒力の根底には、こうした環境の変化に対応する仕組みがあります。

ところが、**体の中を一定の状態にキープする能力を超えてしまうと、病気になったり、命の危険にさらされたりします。**

人間でいえば気温変化が原因となって、ストレスホルモンが出て免疫力が低下、風邪《かぜ》を引くといったことや、雪山登山で体温を維持できず低体温症に、夏の暑いなかの運動で熱中症に、といった具合に、生命のリスクにもつながるわけです。

「ストレスが体に悪い」というのも、こういうことです。

猫はストレスに弱い動物ですから、基本的にはそうした「一定の、変化のない暮らし」

が望ましいといえます。

でも一方で、先に述べたように「季節の変化を感じられる」ことも重視していただきたいのです。

外部の気温や明るさといった変化を感じられることが、猫の健康にはすごく重要です。日の長い短いや雨の気配なども含め、**自然の変化を感じてスイッチを切り替えることがやはり大切**です。

ああ冬が去って春になってきているな、今年も夏がきたな、秋の気配がする、風に冬のにおいが乗ってきた……といったことを猫に感じてほしいのです。いずれも、本来は大自然のなかで猫が感じてきたことです。

都会にいると季節を感じにくい時代ですが、猫にはできるだけ季節の変化を感じられるようにしてあげていただきたいと思います。

東洋医学は自然とのつながりを重視する

現代の暮らしはエアコンなどで快適な環境が保たれてはいますが、夏場に冷房の中だけで暮らしていると、体にだるさを感じてくる人は多いのではないでしょうか。そうなる理由のひとつが、入れ替わらない空気です。気密性のある建物の中で、多少換気扇を通して入れ替わっていたとしても、自然の風とは違います。

温度・湿度を一定にしていれば、生活環境として快適というわけではないのです。人間に限らず、生き物の体は外部からいろいろな刺激を受けて反応しています。

とくに東洋医学は太陽や風、水といった外界、自然界とのつながりを重視します。よく「宇宙とつながっている」という言い方をしますが、**自然とのつながりを断《た》った環境は、東洋医学的には、生き物が暮らすには不自然なのです。**

季節であれ気象であれ、変化を感じられないのは、生き物の暮らす環境として望ましいものではありません。

猫は犬以上に季節を感じられない環境にあります。犬は外に散歩にいくのが普通ですが、猫は室内だけで暮らすというケースがほとんどだからです。

昔の猫は、自由に外と内を出入りできる飼い方でしたので、そんな心配はまったくなかったのですが、いまは室内飼いが当然になっています。「猫は散歩がないから楽」という見方をする方が多くなっています。

どうか飼い主さんには、「猫も自然とつながりたい生き物」だという意識をもっていただきたいなと思います。

第4章

おうちケアで猫の健康・長生きをサポート

猫といっしょにケアを楽しむ

最初から頑張りすぎてはいけない

この章では7つの体質タイプ別に、ご自宅でできる以下の「おうちケア」について説明していきましょう。

・体力・生命力を底上げする「おすすめツボ」
・トッピングなどに試したい「おすすめ食材」
・日々の生活に生かしたい「暮らしの養生ポイント」

体質はずっと同じではなく、そのときどきで変わることもあります。**できたら体質チェックを季節ごとにおこなうといいと思います。**人間の1年は猫の4年ですので、季節ごとにチェックするのは、猫にとって年1回のチェックとなります。

これまでのおさらいも含めて、「おうちケア」のおすすめツボ、おすすめ食材について、要点をまとめておきましょう。

〈おすすめツボ〉

・おすすめツボには、体質ごとに3つのツボを挙げていますが、**毎回3つすべてを刺激したりマッサージする必要はありません。**1つでも受け入れてくれるツボがあれば、それで大丈夫です。

・**猫のツボは「ぐいぐい押さず」**に、手のひらや指でやさしくさするようなイメージでおこないます。だいたいの位置に手を当てる**「手当て」だけでも効果はあり**ます。

・歯ブラシを使ったマッサージもおすすめです。

・ツボ刺激やマッサージは**1日2〜3分でOK**です。食後30分以内は避けましょう。

・猫の気持ちいい表情を確認しながらおこないます。けっして無理強《じ》いはしないで。

〈おすすめ食材〉

・トッピング候補であるおすすめ食材も、ツボと同じく、書いてある食材をすべて入れるわけではありません。**1種類ずつ試していき、1つでも2つでも食べてくれる食材**

があればいいのです。

・トッピングは、**最初は小さじ1杯からはじめましょう。**猫はえり好みが強いですし、気分屋なので「小さじすりきり1杯なら食べたのに、小さじで山盛りにしたら食べない」といったこともしばしばあります。

・トッピングは毎食必ずではなく、**週1回くらいでOK**です。

・**野菜はハードルが高いので、フードプロセッサーでつぶして、肉にほんの少し混ぜて与える**イメージであげてみてください。完全な肉食である猫にとって、野菜は必ず食べなくてはいけないわけではありません。無理をしないようにしてください。

とにかく、**最初から頑張りすぎないようにする**ことが大切です。

「大切な猫ちゃんの具合をよくしてあげたい」という飼い主さんの思いはわかりますが、猫ファーストの気持ちを忘れずに！

5段階評価で変化を「見える化」

体質に合わせた「おうちケア」は、猫の体調をととのえ、心身の健康をもたらしてくれます。もっとも、その変化は、一夜にして劇的に起こるわけではありません。

たとえば「疲れやすい」項目が5段階評価で5だとしたら、4になり、さらにケアをつづけていくと3になり……という具合に、**ほんの少しずつ改善していきます。**

東洋医学では「すごく疲れやすかった猫が、いきなり元気全開になる」というような、ゼロか10かといった変化はありません。小さな変化が少しずつ積み重なることによって、いつしか健康でおだやかな日々を過ごせるようになっているのです。

毎日の変化は微妙で目に見えないくらいでも、1カ月経つと「なんだか元気が出てきたね」となることを知っておいていただきたいと思います。

飼い主さんが**体質チェックのたびに、5段階評価の数値をつけておく**といいかもしれません。「体質チェック＋おうちケア」をくり返していくなかで、猫の体調変化が数値で「見える化」できればわかりやすいし、飼い主さんの張りあいも増すことでしょう。

猫と飼い主さんがいっしょにケアを楽しむくらいの気持ちで、「おうちケア」に取り組んでいただけるといいですね。

「ぐったりタイプ」のおうちケア（元気不足・気虚《ききょ》）

「ぐったりタイプ（元気不足）」の猫は、東洋医学では「気虚」という状態にあります。「疲れやすい」「食が細い」「疲れやすく病気になりやすい」が特徴的な症状です。

「うちの子はいつも元気がない」というケースは気、つまり、エネルギーのもとが不足していて、体をきちんと動かすことができない状態になっています。

小さな変化の積み重ねが大切

「おすすめツボ」はこちらです。

- **足三里《あしさんり》**　後ろ足の外側で、膝のくぼみの少し下。左右に1つずつある
- **腎兪《じんゆ》**　最後の肋骨《ろっこつ》からわずかにお尻側に下がったところの背骨の両側

①ぐったりタイプ
（元気不足・気虚）

●おすすめツボ

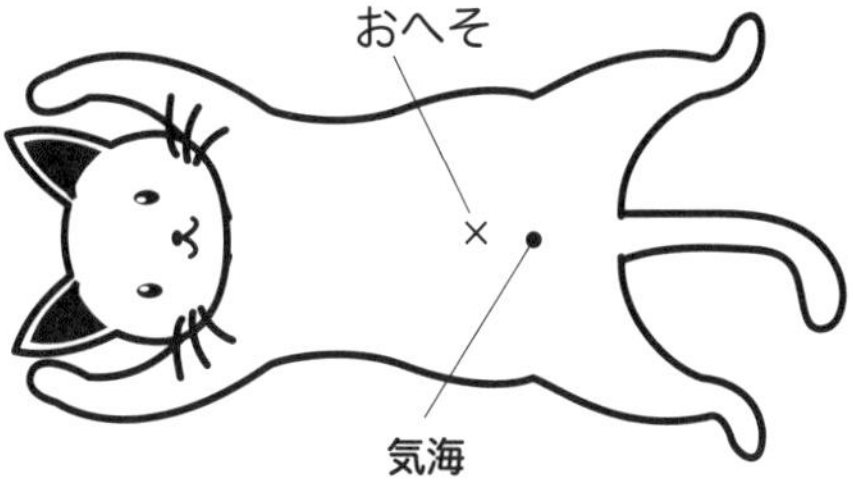

気海
おへそから約１センチ下

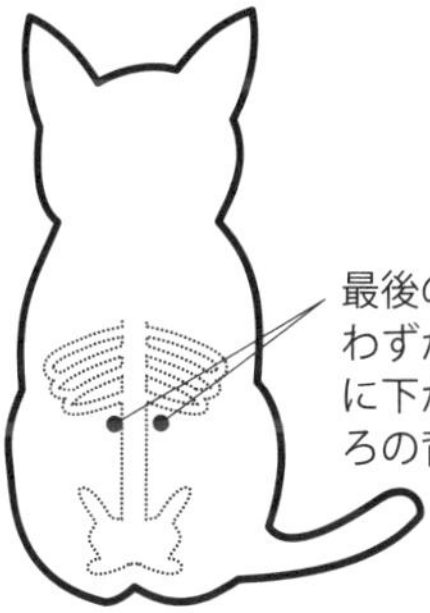

腎兪
最後の肋骨からわずかにお尻側に下がったところの背骨の両側

足三里
後ろ足の外側で、膝のくぼみの少し下。左右に１つずつある

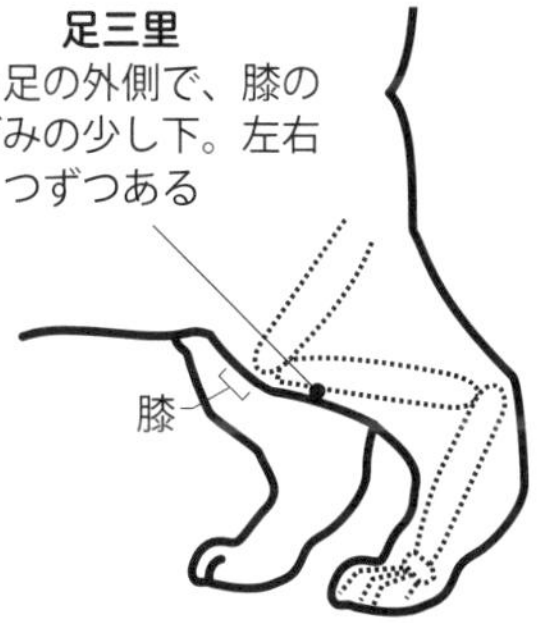

●おすすめ食材

牛肉、鶏肉、豚肉、イワシ、カツオ、鮭、マグロ、カボチャ、舞茸

●暮らしの養生ポイント

- 気を補うこと
- おだやかな生活を心がけ、気のムダな消耗を避ける
- 食欲の維持、適度な運動や日光浴
- 消化器症状があれば早めの治療を心がける

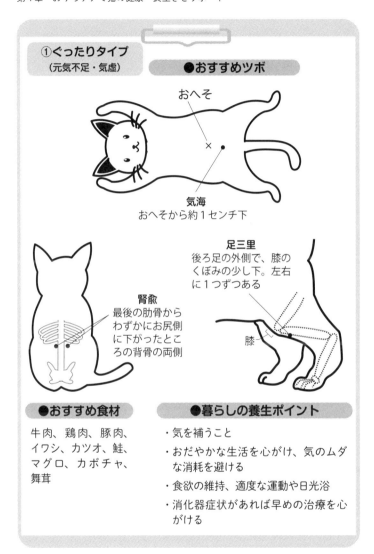

・**気海**《きかい**》**　おへそから約1センチ下

足三里は後ろ足の外側で、膝《ひざ》のくぼみの少し下にあるツボです。本などでもよく紹介されている代表的なツボで、病気予防や体力増強、胃腸の症状を改善します。

腎兪は背中にあって、内臓の働きを安定させるツボ。気海はおへその少し下で、精気の根源とされるツボです。

「ぐったりタイプ（気虚）」の猫は、**わりとおなかをさわらせてくれます。**そこをさわってもらうと気持ちがよく、また、さわられることでエネルギーをもらおうと欲していることも多いのでしょう。

反対におなかをさわらせない猫は、後述するような気の滞《とどこお》りがあってイライラしている猫が多いです。ツボをさわったときの反応には、そんな体質がからんでいたりもします。

ツボ刺激やマッサージをつづけることで、食欲の安定も期待できます。

気の不足とは、エネルギーをつねに補充できない状況です。そんなタイプに気を補《おぎな》ってあげると、

「いつもぐったり寝ていた猫が、呼べばぴょいっと来るようになる」
「ごはんのときに歩いてくる足どりが、いままでよりちょっとしっかりする」
といった変化がだんだんと出てくるはずです。

おすすめ食材も、まずは小さじ1杯から

「おすすめ食材」はこちらです。

牛肉、鶏肉、豚肉、イワシ、カツオ、鮭、マグロ、カボチャ、舞茸

食事では牛肉、鶏肉、豚肉といった気を補う食材をとるようにします。肉類は、タンパク質で気をしっかり入れてくれる食材です。体も温めてくれるので、効率よくエネルギーチャージができます。

舞茸は、手に入りやすいキノコのなかではβ《ベータ》グルカンが多く含まれ、気を補って免疫も上げます。

まずは週に1回、小さじ1杯からトライしてみましょう。

おだやかな生活を心がける

「暮らしの養生ポイント」はこちらです。

- **気を補うこと**
- **おだやかな生活を心がけ、気のムダな消耗《しょうもう》を避ける**
- **食欲の維持、適度な運動や日光浴**
- **消化器症状があれば早めの治療を心がける**

「ぐったりタイプ（気虚）」の猫の場合、気のムダな消耗を避けること、すなわちおだやかな生活を心がけるのがいちばんです。

たとえば、**必要以上に病院に連れていくのは、気をムダに消耗させてしまいます。**移動するだけで、すでに消耗しているかもしれません。よかれと思ってやっていることのなかに、猫を疲れさせていることがないか、振り返ってみてください。

あるいは、**自宅に人の出入りがすごく多いことも、おだやかな暮らしにはなりにくい**ものです。来客が多くても平気とか好きという猫ならいいのですが、そうでなければやはり疲れて消耗してしまうでしょう。

睡眠をしっかりとることと、しっかり食事をとることで疲労は回復します。自分が疲れているとき、もうゆっくり休みたいなと思うとき、どうすると楽になるのかをイメージするとわかりやすいかと思います。

丸２日食べないようなら動物病院へ

食べないと「気」がつくられないので、まず「食べる」ことが重要です。

「ぐったりタイプ（気虚）」で食欲も落ちてきた猫に、牛肉を食べてほしい、鶏肉を食べてほしいと思っておすすめ食材を一生懸命に与えても、結局食べてくれない、というのでは、猫はますます消耗してしまいます。

食欲が落ちたときは、「なにを食べるべきか」よりも、「とにかく食べられる」ことに重点を置いてください。

もし「なにも食べなくなった」という場合、**若くて余力のある猫で、水は飲んでいるようなら2日くらいは静かに様子を見ていても平気**です。**シニア猫で、丸2日食べないようなら動物病院で診《み》てもらってください。**何日も食べない場合は、脱水症状が進み点滴が必要になることが多いです。

また、猫は食べたものをよく吐《は》きますが、注意して見守る必要があるかどうかは年齢にもよります。若い猫がすごい勢いで食べた後、ボゴッと吐いているのは心配ありません。ときどき猫草などを食べて、毛玉といっしょに吐くのも問題なしです。

一方、シニア猫で食欲も落ちているうえに吐いている、下痢《げり》しているという場合は、同じ「吐く」でも意味合いがまったく違うので、動物病院に行ったほうがいいでしょう。

食事に関する猫の反応は、千差万別です。

「それしか出さないの？　これじゃないのがほしいんだよ」という表情でまったく口にしない猫もいれば、「しぶしぶちょっとだけ食べてほとんど残す」といった猫もいます。

日ごろから様子をよく観察して、変化に気づけるようにしておきましょう。

「よわよわタイプ」のおうちケア（栄養不足・血虚《けっきょ》）

「よわよわタイプ（血虚）」の猫は「血《けつ》」が不足して栄養が足りていません。そのため、被毛がパサパサする、爪《つめ》が割れやすい、目になにか病気が出やすいといった傾向があります。わかりやすいのは、舌が白っぽいこと。貧血と同じイメージです。

また、精神が不安定で、寝ていてもすぐ起きてしまうとか、びっくりしやすいなど、心身ともに虚弱《きょじゃく》さが感じられます。

体だけでなく心の栄養でもある「血」を補う

「おすすめツボ」はこちらです。

・**血海**《けっかい》　後ろ足の膝の内側上方のくぼみ。左右に1つずつある

・**三陰交**《さんいんこう》　後ろ足の内側で、かかとから2センチほど上。左右に1つずつある

・**足三里**《あしさんり》　後ろ足の外側で、膝のくぼみの少し下。左右に1つずつある

血海は後ろ足の膝の内側にあり、「血」の働きが悪いときに刺激するといいツボです。

三陰交は後ろ足の内側で、「気血」の流れをよくして、健康の維持・増進に効く重要なツボとして知られています。

足三里は後ろ足の外側で、病気予防や体力増強、胃腸の症状を改善する有名なツボです。

「血」の不足は、**体だけでなく心の栄養も不足する**とされているので、イライラしやすく眠りも浅くなりがちです。

後ろ足にあるこの3つのツボは、「血」の不足を補い、流れや働きを改善するので、少しずつさわってツボ刺激に慣らしていきましょう。

とくにこの「よわよわタイプ（血虚）」では、体のあちこちにお灸《きゅう》をするよりも、こうした**ツボへのマッサージが効果的**です。

②よわよわタイプ
（栄養不足・血虚）

●おすすめツボ

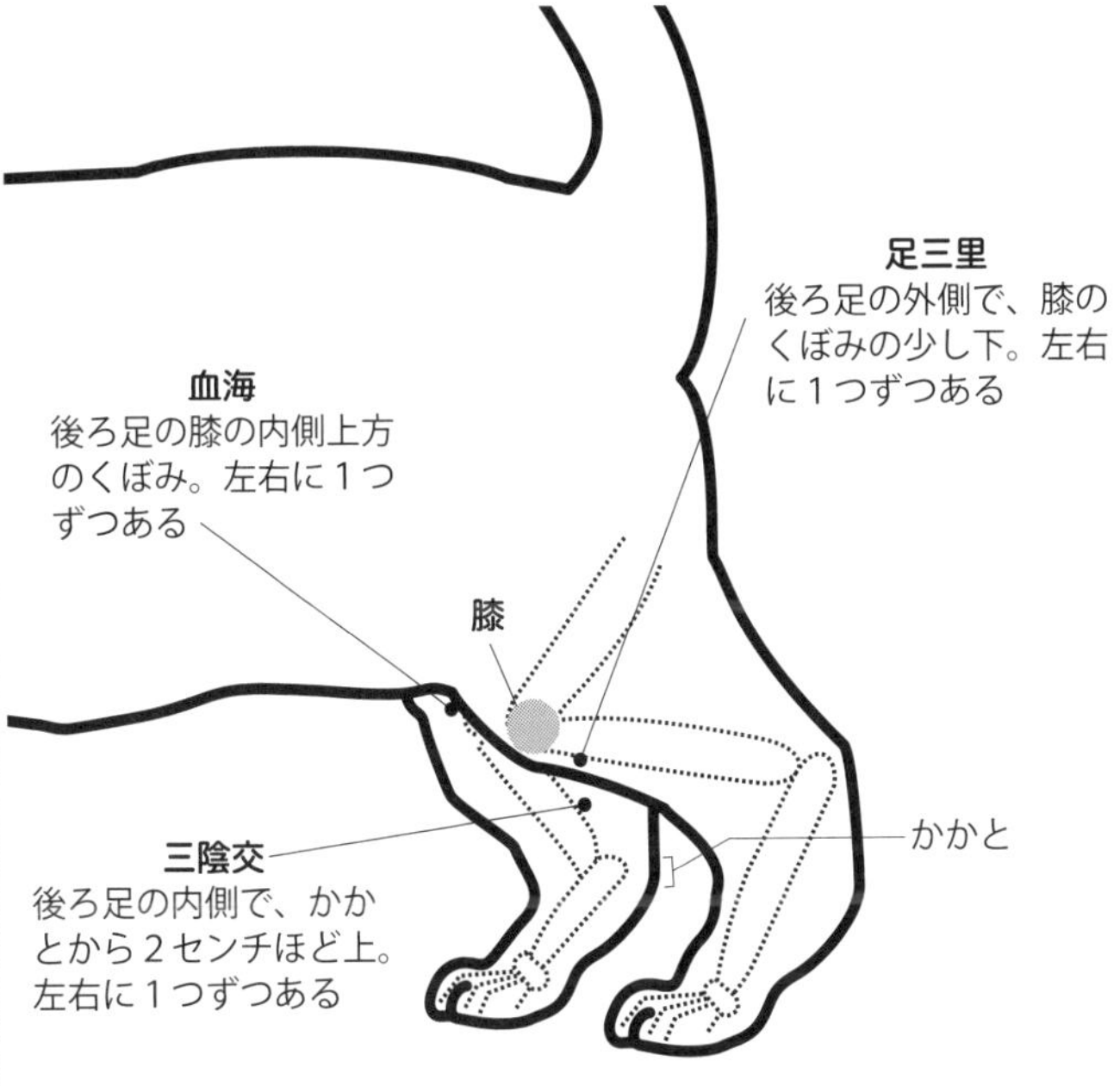

●おすすめ食材

レバー類（毎日は食べさせない）、イワシ、カツオ、鮭、マグロ、卵、ニンジン、パセリ、ヨモギ

●暮らしの養生ポイント

・血を補うこと
・体を冷やさない
・食欲の維持（良質のタンパク質をとる）
・血を消耗する疾患がないか確認

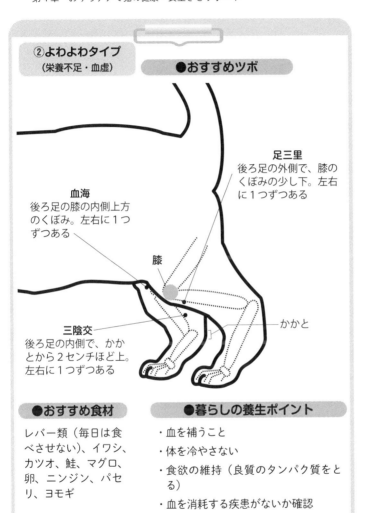

良質のタンパク質をトッピングでとる

「おすすめ食材」はこちらです。

レバー類（毎日は食べさせない）、イワシ、カツオ、鮭、マグロ、卵、ニンジン、パセリ、ヨモギ

栄養・滋養をになう「血」が不足している「よわよわタイプ（血虚）」では、**レバー類がおすすめ**の食材です。ただし、毎日食べているとビタミンAが過剰になってしまうので、**週に1回程度にします。**

パセリやヨモギなどの香草は、トッピングとしてほんの少し、刻んで散らしてみるといいでしょう。ただ、野菜類はハードルが高いので、無理に食べさせる必要はありません。

卵は、茹《ゆ》で卵で与えることが多いと思います。黄身だけのほうが体を温めやすいともいわれますが、黄身も白身もいっしょにあげて大丈夫です。

1回の食事量として**鶏卵丸ごと1個は多すぎるので、1回あたり10gくらい（ウズラの卵くらいの量）をトッピング**してあげましょう。もちろんウズラの卵でも結構です。

慣れている猫なら生《なま》卵も食べますが、鶏卵の場合、生の白身をたくさん食べるとビオチンというビタミンの一種を壊すリスクがある（ウズラの卵の白身なら大丈夫）ので、火を通して与えるようおすすめしています。

黄身だけなら生で食べてもまったく問題ないので、好きな猫にはタラーンとかけてあげると喜ぶでしょう。

夏、冷房で体を冷やさないように

「暮らしの養生ポイント」はこちらです。

- **血を補うこと**
- **体を冷やさない**
- **食欲の維持（良質のタンパク質をとる）**

・血を消耗する疾患《しっかん》がないか確認

「よわよわタイプ（血虚）」と思われる猫は、体のどこかで出血していないかを確かめましょう。体の外側のケガによる出血だけではなく、体の内側での出血、たとえば血尿《けつにょう》が出ていたりしないか、注意を払ってください。

爪が割れたり、毛にツヤがなかったり、脱毛したりといった点がいくつもあるなら、裏になんらかの病気が潜《ひそ》んでいるかもしれません。「血」を消耗する疾患がないかどうか、観察力が問われる場面です。気になる症状があるときは、動物病院に相談してみましょう。

日常のケアでは、**夏、冷房で体を冷やさないために、エアコンの設定温度を上げることも有効**です。猫に快適な室温は通常26度くらいですが、猫の様子を見て調整してください。**シニア猫には、夏でも腹巻きのような服を着せておく**のもいいでしょう。ヒートテックのような素材で、筒状の服をつくって着せている飼い主さんもいます。

服など体にフィットするものを嫌って、動かなくなってしまう猫もいるので、そうした場合は、服を着せるわけにはいきません。エアコンの温度調整や寝床の布団を暖かいものに替えるなどして調節します。

東洋医学では「血」は食べたものからつくられる「気」がもとになって生成されると考えられています。つまり、「血」をつくるには「気」が必要なのです。「よわよわタイプ（血虚）」の猫は、「ぐったりタイプ（気虚）」のおうちケアも参考にするとよいでしょう。

「ドロドロタイプ」のおうちケア（血のめぐりが滞る・瘀血《おけつ》）

「ドロドロタイプ（瘀血）」の猫は、体の中をサラサラ流れていてほしい「血」が、うまく流れていない状態です。「血」の流れが悪いところには痛みが出たり、おできなどの腫《しゅ》瘍《よう》ができやすくなります。舌は紫っぽくなっています。

また、毛の下の皮膚や鼻先などに、斑点《はんてん》のようなシミが出てくるのも、「血の流れが悪い」からです。

「気」「血」のツボを併用すると効果的

「おすすめツボ」はこちらです。

・**血海《けっかい》**　後ろ足の膝の内側上方のくぼみ。左右に1つずつある

③ドロドロタイプ
（血のめぐりが滞る・瘀血）

●おすすめツボ

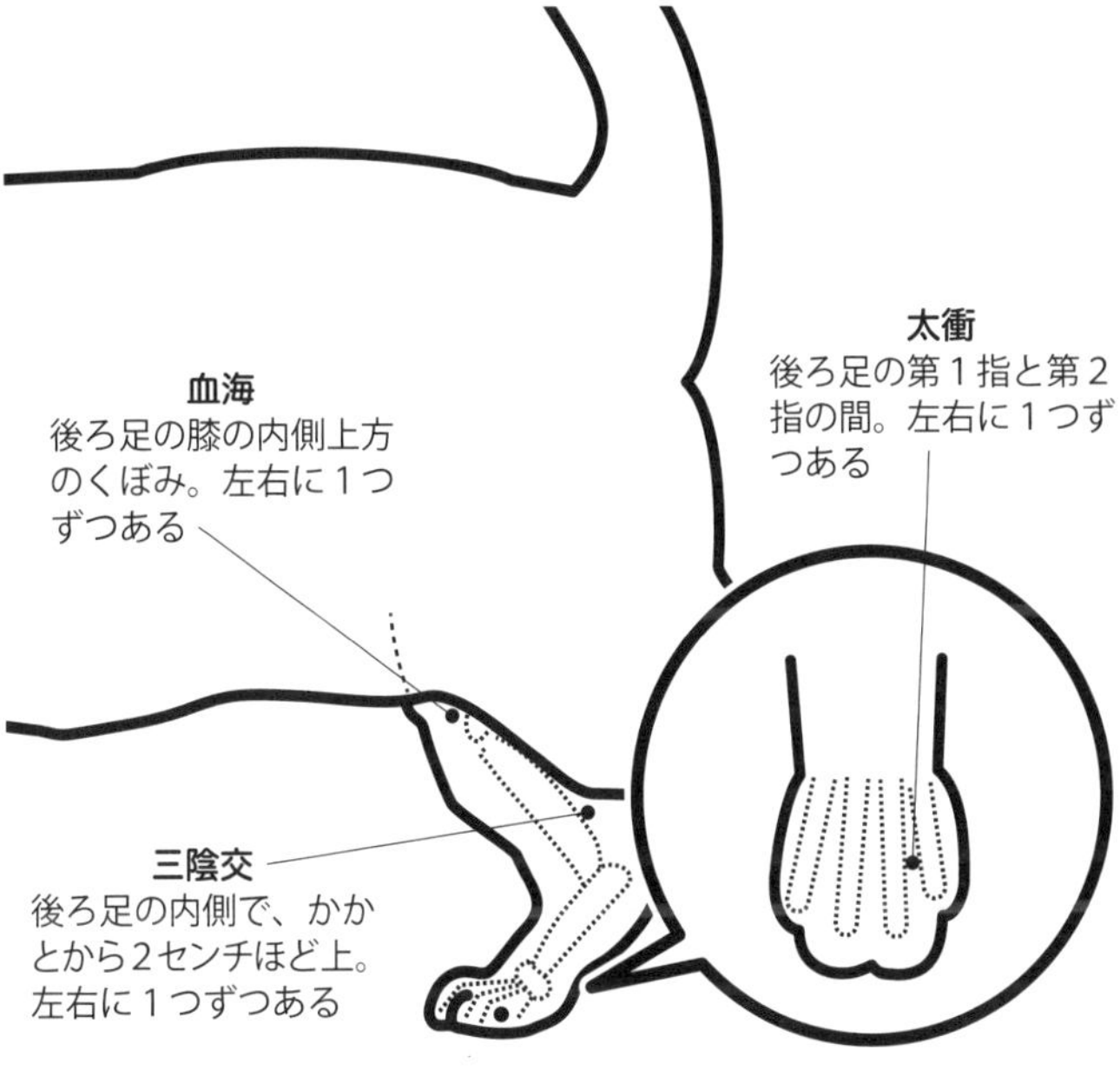

●おすすめ食材

牛肉、イワシ、鮭、サンマ、オクラ、パセリ

●暮らしの養生ポイント

・血をめぐらせること
・痛みがあるときは早めに動物病院へ相談する
・漢方薬や鍼がよく効く

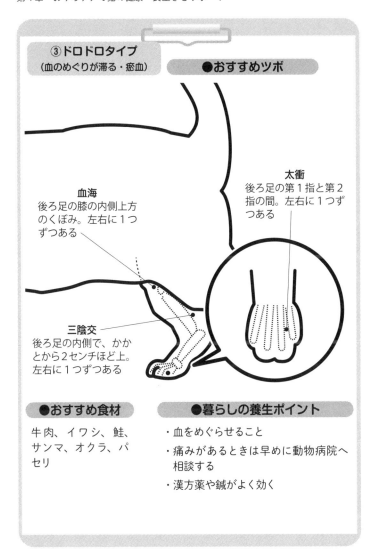

・三陰交《さんいんこう》　後ろ足の内側で、かかとから2センチほど上。左右に1つずつある
・太衝《たいしょう》　後ろ足の第1指と第2指の間。左右に1つずつある

血海、三陰交、太衝ともに、後ろ足の内側にあります。

血海、三陰交のツボは、「血」が足りない「よわよわタイプ（血虚《けっきょ》）」でも出てきましたが、「ドロドロタイプ（瘀血）」にも有効です。古い「血」が滞《とどこお》っている状態に対して、**循《じゅん》環《かん》をよくするツボ**だからです。

太衝は「気」をしっかり入れるツボ、「気」を流すツボです。**滞っている「血」をぐっと押すのが「気」**なので、太衝のツボが重視されます。「気」をしっかり流すツボと「血」の循環をよくするツボをいっしょに使うと、効果が上がるのです。

これらのツボのほか、**上半身や足先のマッサージも、よどんだ流れを解消するのでおすすめ**です。

なお、**「ドロドロタイプ（瘀血）」には、基本的にお灸はNG**ですので、注意してください。

魚の脂で血液サラサラに

「おすすめ食材」はこちらです。

牛肉、イワシ、鮭、サンマ、オクラ、パセリ

いずれも「血」をめぐらせる食材ですが、とくに魚に含まれるＤＨＡ（ドコサヘキサエン酸）、ＥＰＡ（エイコサペンタエン酸）といったオメガ３（ｎ‐３）系脂肪酸《しぼうさん》の脂《あぶら》は血液をサラサラにする効果があり、猫の嗜好《しこう》性も高いです。

それに対し、オクラ、パセリといった**野菜類・植物質の食材は、猫にはちょっとハードルが高い**です。

頑張って食べさせてみたいという飼い主さんもいるでしょうが、すべての猫がこうした食材を食べる必要はありませんので、ほどほどに。

「瘀血」の改善には、体を動かすことも効果的です。

人間のストレッチやゆったりとしたお散歩をイメージして、食事よりもマッサージや運動といった生活習慣の改善を心がけるとよいでしょう。

痛みには漢方薬や鍼が効く

「暮らしの養生ポイント」はこちらです。

・血をめぐらせること
・痛みがあるときは早めに動物病院へ相談する
・漢方薬や鍼《はり》がよく効く

東洋医学では、痛みは「血」が滞っているときのサインとしてとらえます。

痛みがあるとき、猫は動かなくなります。また、マッサージをするときに、さわられるのを嫌がる様子からもわかります。ツボのマッサージで早めの解消をしたいところですが、嫌がるようなら無理にさわろうとせず、そっとしておきましょう。

抱き上げたときにギャーと鳴くとか、片足を引きずって歩くといった具合に、明らかに様子がおかしいときは、早めに動物病院に行ってください。

「血」をめぐらせる漢方薬にはいろいろな種類があるので、どこかに痛みのある症状には有効です。

鍼はピンポイントでツボを刺激できて、即効性も高い治療です。鍼治療を受け入れてくれる子なら、困ったときに頼れる方法があるという点で、猫にとっても飼い主さんにとっても安心につながります。

「鍼は痛そう」と思われる方もいますが、猫は痛みをほとんど感じていないと思います（人間の鍼も同じです）。鍼がお気に入りの猫ちゃんもいますので、試してみるのもいいでしょう。

「イライラタイプ」のおうちケア
（気のめぐりが滞る・気滞《きたい》）

「イライラタイプ（気滞）」の猫は、「気」の流れが悪い状態にあります。さわられるのが嫌いで攻撃的なタイプです。イライラと落ち着かず、なかなか眠れません。舌のふちが赤くなっている、目が充血しやすいことが特徴です。ゲップやおならが多く、便秘にもなりがちです。

肋骨にもやさしくふれてみる

「おすすめツボ」はこちらです。

- **太衝《たいしょう》** 後ろ足の第1指と第2指の間。左右に1つずつある
- **内関《ないかん》** 前足の内側、手首から約2センチ上で、足の左右の筋肉の間。左右に1つずつあ

④イライラタイプ
（気のめぐりが滞る・気滞）

●おすすめツボ

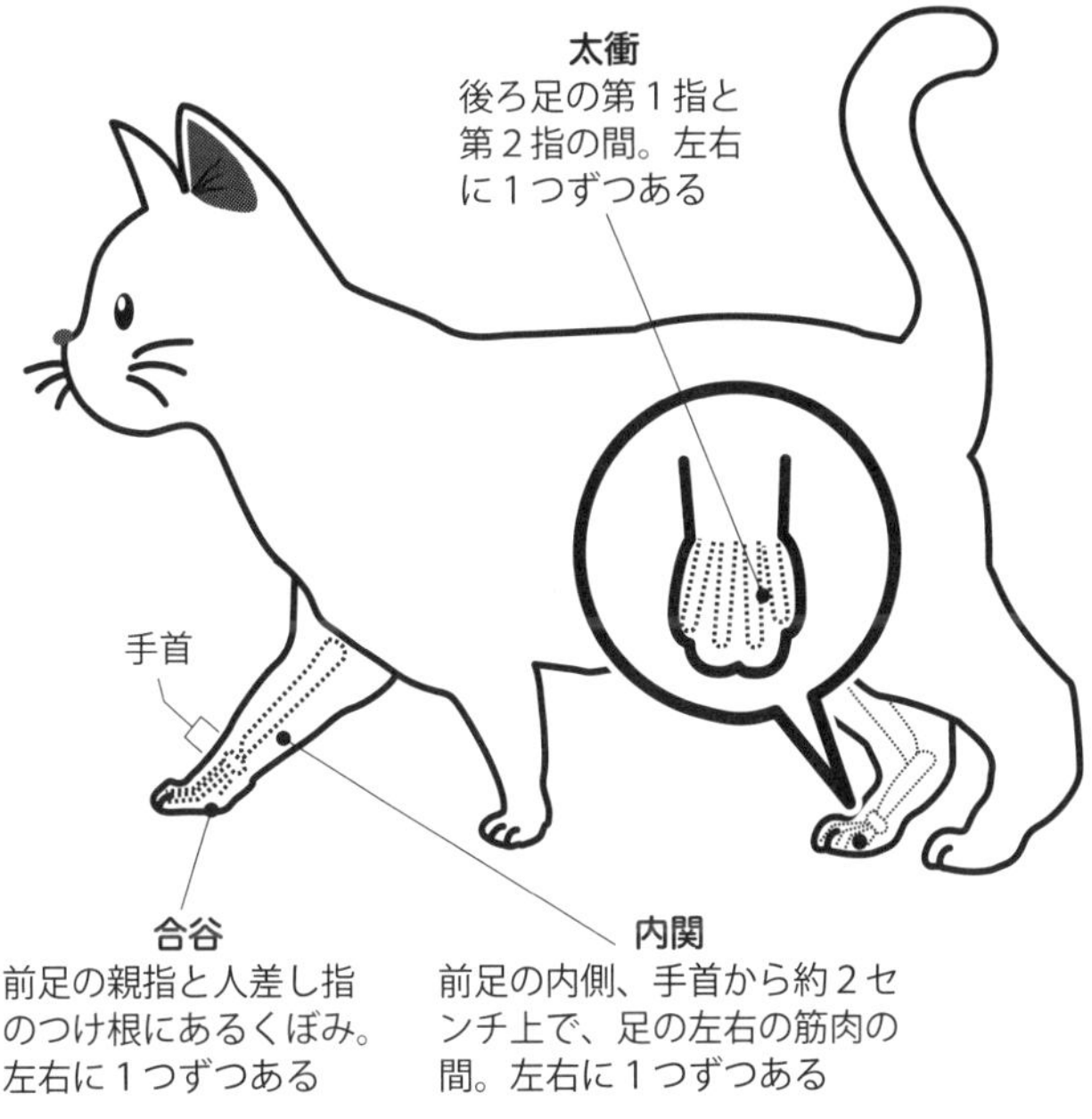

●おすすめ食材

カジキマグロ、鮭、アサリ、シジミ、セロリ、春菊、ミカン

●暮らしの養生ポイント

・気をめぐらせること
・生活を見直し、ストレス要因を探してとり除く（通院がストレスになることも多い）

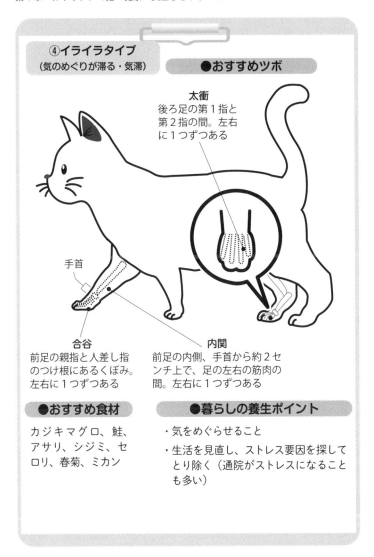

る

・**合谷《ごうこく》**　前足の親指と人差し指のつけ根にあるくぼみ。左右に1つずつある

精神的に不安定で、「さわられたくない！」というタイプに有効なツボが太衝、合谷です。**「気」の流れをよくし、イライラを抑え、気持ちをおだやかに**します。**合谷は免疫を高めたり消化機能を安定させる**ので、ゲップや嘔吐《おうと》、おならや便秘の解消に効果的です。

内関には気持ちを静める効果があります。「気」の流れとともに、心が落ち着くようになります。

さわられるのが嫌いな猫ですから、いきなりはマッサージさせてくれないかもしれません。無理をせず、少しずつさわって慣らしていきましょう。

できれば、**脇腹《わきばら》の肋骨《ろっこつ》あたりもマッサージ**しましょう。ストレスでイライラするとこのあたりが張ってくるのは、猫も人間も同じです。肋骨をマッサージすると気の流れがよくなり、気持ちがスッキリします（82ページの簡単マッサージ②参照）。

猫が体を横向きにして寝ているとき、肋骨をさわるのはわりあい簡単です。背中をさするときと同じように、肋骨の上を腰方向にさすってみてください。

なお、**「イライラタイプ（気滞）」には、基本的にお灸はNG**ですので、注意してください。

アサリ、シジミの茹で汁も寒天ゼリーに

「おすすめ食材」はこちらです。

カジキマグロ、鮭、アサリ、シジミ、セロリ、春菊、ミカン

カジキマグロや鮭は茹《ゆ》でて、刻んでトッピングするのが簡単ですね。アサリ、シジミは茹でて細かく刻み、茹で汁といっしょに寒天で固めるのもいいでしょう。

アサリ、シジミの茹で汁自体、肝臓にもいいものです。肝臓と気の流れはすごく関係が深いので、気もしっかり流してくれますが、まれに塩分が出すぎることがあるので注意が必要です。**ちょっと味見をしてみて、塩気を感じたら薄めてください。**

とにかく味は、ほとんどしないほうがいいのです。

香りのあるセロリ、春菊、ミカンは気をめぐらせてくれますが、やはり猫にはむずかしい食材です。

柑橘《かんきつ》類には気を流す力があって、東洋医学にはミカンの皮を干した陳皮《ちんぴ》という生薬《しょうやく》もありますが、まったく受けつけない猫も多いと思います（ミカンの皮には猫の体に合わない成分が含まれているので、食べさせないでください）。一方、ミカンの実が大好きで、人間が食べているとほしがる猫もいます。

ストレス要因は少しでも改善する

「暮らしの養生ポイント」はこちらです。

- **気をめぐらせること**
- **生活を見直し、ストレス要因を探してとり除く（通院がストレスになることも多い）**

猫が「イライラタイプ（気滞）」になる理由として、いちばん考えられるのはストレスです。生活のなかでなにかストレス要因が潜《ひそ》んでいないか、まずはよく観察してみましょう。

たとえば、小さな子どもがいて大騒ぎしているとか、同居の猫との相性《あいしょう》が悪いといった、変えられない環境もありますが、そうだったとしても**「この猫はなにが嫌いなのか」と気づくことが大事**です。

気がつけば「あまり猫ちゃんのところへ行っちゃダメだよ」と子どもにいえるでしょう。相性が悪い猫がいるなら、ベッドを別の部屋に置いたり、間仕切りをしたり、トイレを遠くに置いてあげるなど、**根本的に変えられないまでも、多少なりとも改善できる方法があります。**

心配性《しんぱいしょう》の飼い主さんの思いとはうらはらに、**「病院通い」がストレスになる猫**もいます。そうした場合には、病院に行く回数を減らすことが、その子のためになります。

ストレスとなっている要因を少しでも改善することで、「イライラタイプ（気滞）」の健康状態もよくなっていくでしょう。

ストレスがかかると、おなかをベロベロなめて、おなかの毛がなくなってしまう猫がいます。「なめこわし」と呼ばれ、猫にはわりと見られる行動です。

飼い主さんが結婚したとか、赤ちゃんが生まれたとか、さまざまな事情が原因になっていることがあります。**そうした状況に慣れていくまで気を静める漢方薬を使う**など、なにかしら手を打つことは可能です。「しかたない」とあきらめないでくださいね。

「暑がりタイプ」のおうちケア（のぼせ・陰虚《いんきょ》）

「暑がりタイプ（陰虚）」の猫は、体の中を冷やすもの（陰）が足りない状態にあります。

文字どおり暑がりで、足先や耳をさわると熱く、冷たいところで寝たがります。人間でいうと、更年《こうねん》期に多いのぼせに近いタイプです。

舌が赤くて小さめで、毛はパサパサして乾燥ぎみ。ときどき乾いた咳《せき》をして、痩せやすいといった特徴があります。

暑がりタイプは温めない

「おすすめツボ」はこちらです。

・**太谿《たいけい》**　後ろ足のアキレス腱《けん》の内側。左右に1つずつある

・**三陰交**《さんいんこう》　後ろ足の内側で、かかとから2センチほど上。左右に1つずつある
・**照海**《しょうかい》　後ろ足の内側のくるぶしの下。左右に1つずつある

太谿はアキレス腱の内側にあり、体内の余分な水分を排出させます。三陰交も膝の内側にあり、消化器系の虚弱を改善し、気血をととのえます。照海は後ろ足の内くるぶしのすぐ下にあたり、熱を通りすぎさせるのに有用です。

これらのツボはすべて足の内側にあります。「水」の代謝にかかわりの深い経絡が、体の内側を通っているからです。

さすりやすいのは外側なので、ちょっとハードルは高いのですが、**外側もいっしょにさわってOK**です。アキレス腱をそっとはさむようにして内・外の両側をふれるとさすりやすいでしょう。**歯ブラシを使ってシャッシャッとなでるのもやりやすい**です。

「暑がりタイプ（陰虚）」の猫で**重要なのは温めないこと**です。もともとが熱いので、さらに熱が加わると、症状が悪化していきやすくなります。ですから、**お灸はNGです。**

⑤暑がりタイプ
（のぼせ・陰虚）

●おすすめツボ

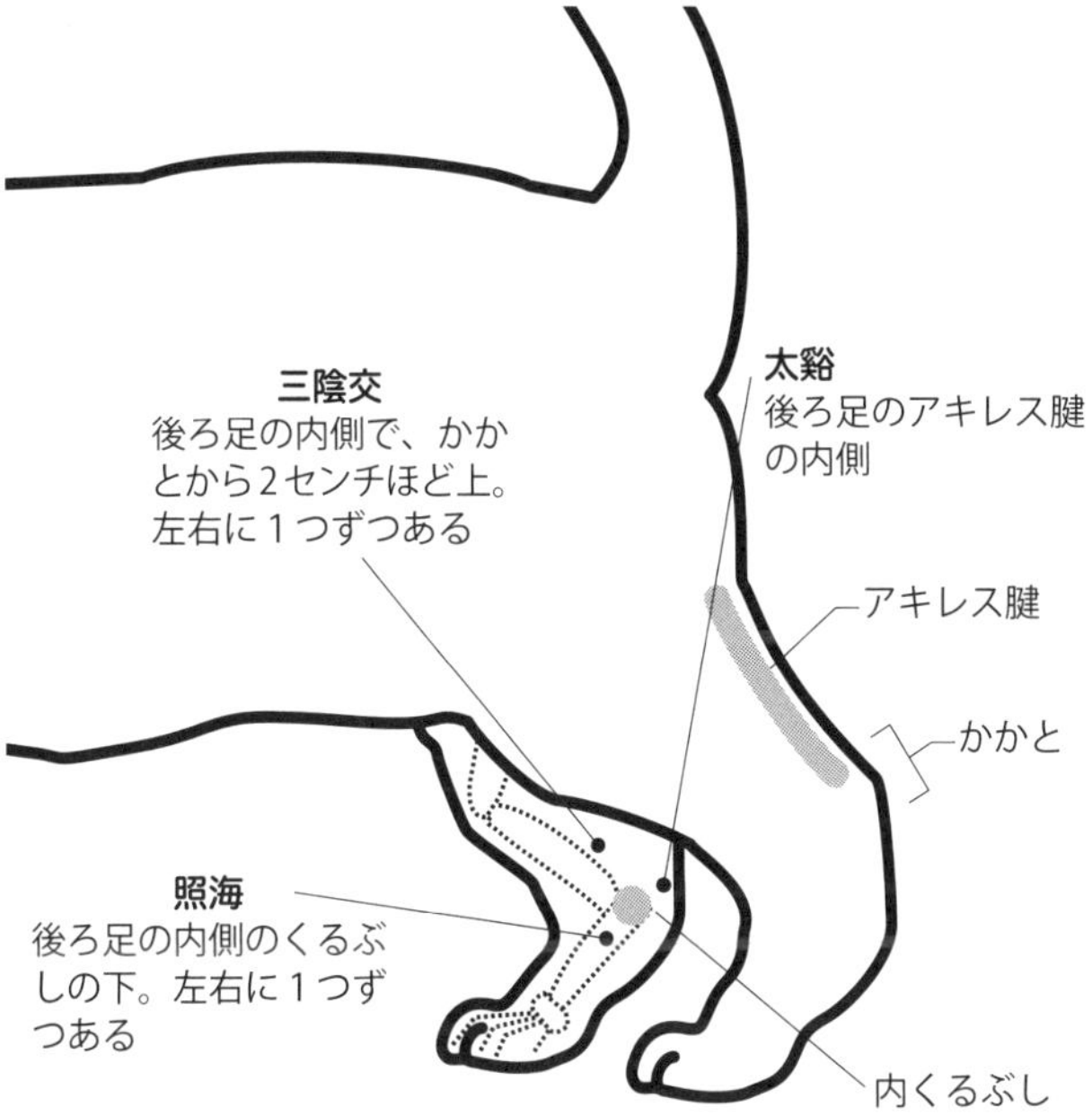

●おすすめ食材

豚肉、鴨肉、牡蠣、白魚、ニンジン、アスパラガス、卵

●暮らしの養生ポイント

・陰を補うこと
・バランスのよい食事と、陰を補う食材をとる
・刺激に敏感になりやすいので、疲れすぎないおだやかな生活

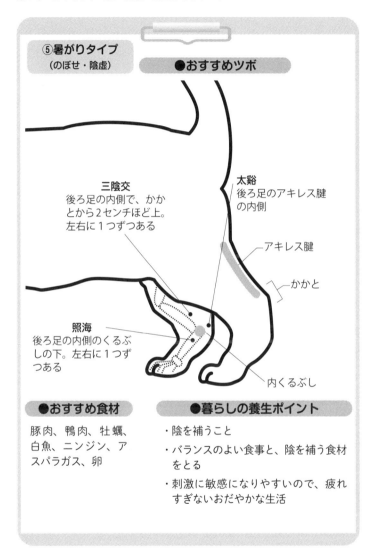

また冬場であっても、猫用のホットカーペットなど、**自分の体温以上になる熱源で温めないように**します。毛布などをかけてあげることで対応しましょう。

シニア猫の場合は、「陰虚」の性質である暑がりと、次に説明する「陽虚」という性質の寒がりなところがいっしょに入り込んで、複雑な状況になることがあります。

温かい場所と冷たい場所の両方を用意して、猫が自由に移動できるのが理想ですが、ケージの中にいるなど**猫が選べない状況であれば、温めないほうがいい**と考えられます。

体を温める肉、体を冷やす肉

「おすすめ食材」はこちらです。

豚肉、鴨《かも》肉、牡蠣《かき》、白魚《しらうお》、ニンジン、アスパラガス、卵

動物質のものでは豚肉、鴨肉、牡蠣、白魚が挙げられます。肉は種類によって体を温める度合が異なり、**豚肉はほとんど体を温めません。**

一方、**羊肉や鹿肉は体を強く温める性質があるので、「暑がりタイプ（陰虚）」の猫には与えない**ようにしましょう。

豚肉を与えるときは、完全に火を通してください。人間が生《なま》で食べられるものは生で与えても大丈夫ですが、牡蠣は火を通したほうがいいですね。また牡蠣1個は、量としても多すぎるので、茹《ゆ》でてから切り分けてあげましょう。

肉類は表面に細菌《さいきん》がついている可能性もありますが、豚肉以外は、「表面だけ軽くあぶって中はレア」という状態にすれば大丈夫です。

猫の胃腸は細菌に対して人間よりもずっと強いので、基本的には人間が食中毒にならないようなものであれば問題ありません。

日常のストレスを緩和する

「暮らしの養生ポイント」はこちらです。

・陰を補うこと

・バランスのよい食事と、陰を補う食材をとる

・刺激に敏感になりやすいので、疲れすぎないおだやかな生活

「陰」が減っている猫は、体が乾いて、ちょっとイライラしやすくなります。先の「イライラタイプ（気滞）」に似ていますが、**刺激に敏感になって怒りっぽくなる。物音に過敏に反応**したり、ゆったりした感じが失われてくるように見えます。

人間も更年期になると、ちょっとしたことにイラッとしがちになりますが、それに近いイメージです。

「陰」が減ったことで「暑がりタイプ（陰虚）」になっている猫は、怒りのスイッチが入りやすくなりますから、先の「イライラタイプ（気滞）」と同様に、**ストレスの要因を探してとり除くなど、少しでも緩和《かんわ》してあげることが必要**です。

バランスのよい食事とは、これまで述べてきたように、「ドライフード＋ウェットフード」を基本にした食事です。「おすすめ食材」のトッピングにもチャレンジしてください。

「寒がりタイプ」のおうちケア（冷え症・陽虚《ようきょ》）

「寒がりタイプ（陽虚）」の猫は、「体の中を温めるもの（陽）が不足している」状態で、「暑がりタイプ（陰虚）」とは逆のパターンです。

寒がりで、体、とくにおなかをさわると冷たく感じることがあります。舌は青白い感じで、下痢をしやすいといった特徴があります。冷房した部屋が嫌いだったり、食が細かったりする猫が多いです。

熱がしっかり入るツボをマッサージ

「おすすめツボ」はこちらです。

・**腰《こし》百会《ひゃくえ》**　背骨をしっぽ方向にたどっていった、腰のつけ根のあたりのくぼみ

・**命門**《めいもん》　最後の肋骨《ろっこつ》からわずかにお尻側に下がったところの背骨の上
・**関元**《かんげん》　おへそと恥骨《ちこつ》を結んだ線を3等分し、おへそから3分の2下がったところ

腰百会は「陽」の気を高めたり回復させたりするツボです。本来、「百会《ひゃくえ》」のツボは人間も動物も頭のてっぺんにありますが、動物には腰にも百会と呼ばれる場所があるので、腰百会と呼んで区別しています。

おなかにある関元は、自律神経系やホルモン系を意味する「腎《じん》」を温めるとされます。命門も体を温めるツボとして知られます。

この3つは熱がしっかり入るツボですので、やさしくマッサージしたり、**ツボの部分を冷やさないように意識する**ことが大切です。ツボに手を当てるだけでも熱を入れることができます。

また、この部位にかぎらず、**全身マッサージも体が温まる**のでおすすめです。

「寒がりタイプ（陽虚）」の猫なら、東洋医学の動物病院でお灸をしてもらうのがいいでしょう。体が温まってリラックスできます。

⑥寒がりタイプ
（冷え症・陽虚）

●おすすめツボ

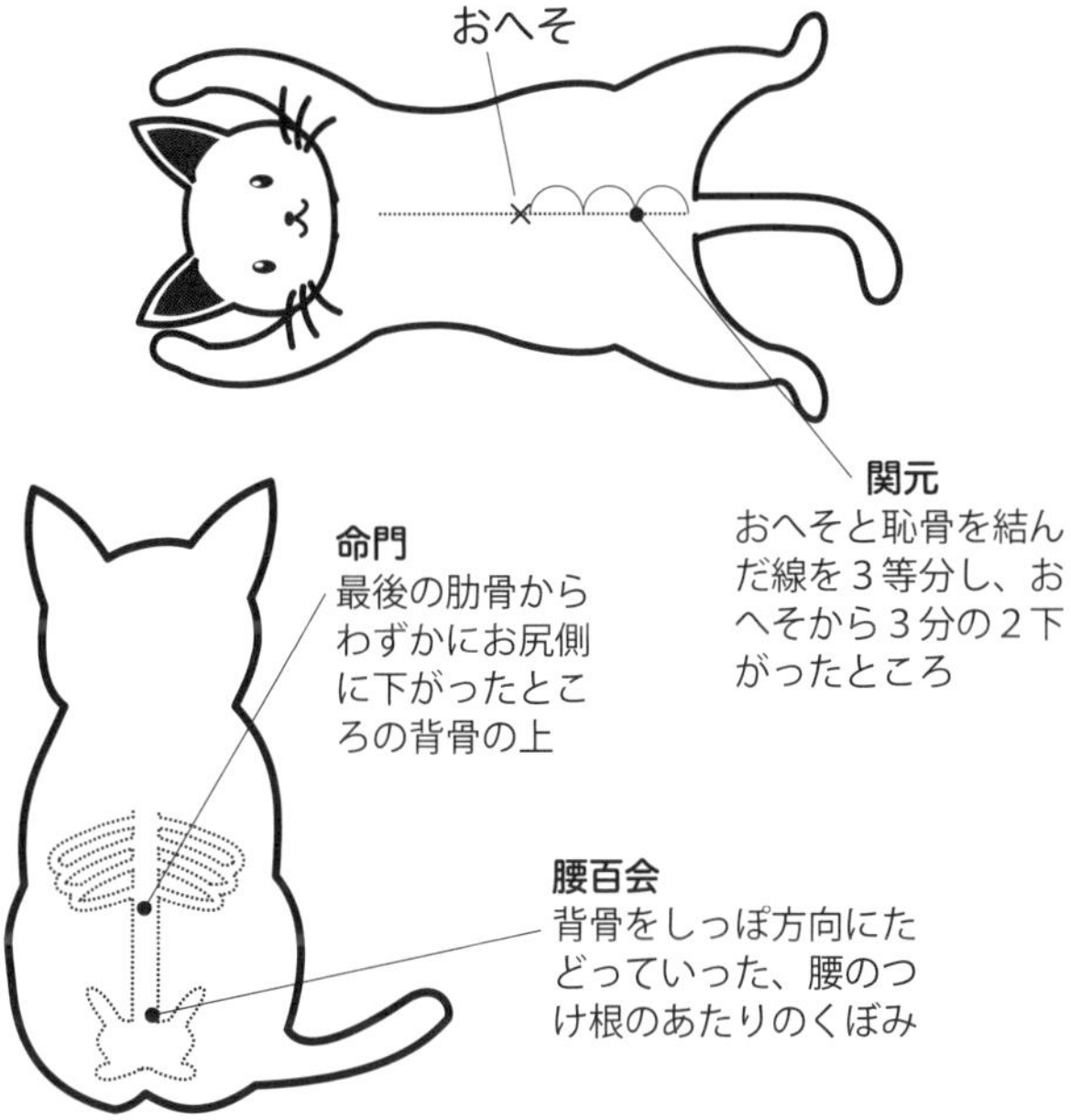

●おすすめ食材

羊肉、鹿肉、イワシ、アジ、マグロ、カボチャ、小松菜、卵黄

●暮らしの養生ポイント

・陽を補うこと
・体を冷やさない。体を温める食材をとる
・適度な運動をして筋肉をつける。日光浴

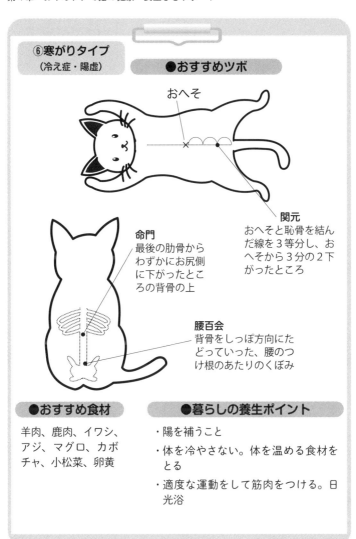

羊肉や鹿肉は体を強く温める

「おすすめ食材」はこちらです。

羊肉、鹿肉、イワシ、アジ、マグロ、カボチャ、小松菜、卵黄

少しずつでもいいので、体を温めてくれる食材をとるようにします。

とくに**羊肉や鹿肉は、体を強く温める代表的な食材**です。鹿肉は手に入りにくいかもしれませんが、水煮にしてパックに入ったペットフードも出ています。ネットで検索すると見つかります。

必ずしも鹿肉が必要というわけではありませんが、肉の種類によって性質が違うことは知っておいたほうがいいでしょう。

最近は、害獣として駆除《くじょ》された野生の鹿の肉が冷凍されて出回ることもあります。こうした肉を利用して、猫や犬の食事をつくってあげている飼い主さんもいます。

前項で「猫の胃腸は細菌に対して、人間よりもずっと強い」と述べたように、生肉《なまにく》であげても通常は問題ありません（くず肉などもありますので、品質についてはよく吟味《ぎんみ》してください）。

注意していただきたいのは、**そうした肉を扱うときは、ふだん料理に使っているまな板や包丁などの調理器具とは別に猫用のものを準備し、使用後はよく洗う**ことです。

人間用の食肉は厳しく衛生状態を管理されていますが、ペット用の食材では同じように衛生的とはかぎりません。

細菌がついている可能性があり、まな板などが感染源になる危険性が獣医師のあいだでは指摘されているのです。大切な猫のために食事を工夫するのは素敵なことですが、そのことで人間が健康を損《そこ》なうようなことがあってはいけません。

猫がひなたぼっこできるように

「暮らしの養生ポイント」はこちらです。

・陽を補うこと
・体を冷やさない。体を温める食材をとる
・適度な運動をして筋肉をつける。日光浴

「寒がりタイプ（陽虚）」の猫が暮らしのなかで気をつけることは、やはり体を冷やさないことです。適度な運動をして、筋肉をつけることも必要です。いっしょに遊ぶことで体を動かしてやりましょう。

猫はひなたぼっこが好きですが、日光浴はとくに「寒がりタイプ（陽虚）」の猫にとってはとても大切な習慣です。

ガラス越しでいいので、日差しのある部屋の中に、猫がくつろげる場所を確保してあげましょう。暖かい日だまりをみつけた猫は、気持ちよさそうに日光浴を楽しんでくれるはずです。

「ぽっちゃりタイプ」のおうちケア（肥満《ひまん》・痰湿《たんしつ》）

「ぽっちゃりタイプ（痰湿）」の猫は、体内の水分の代謝がうまくいっていない状態です。胃腸の働きが低下したりして、食べ物や水をうまく消化・吸収・排泄《はいせつ》できず、「よどんだ水分（痰湿）」が体にたまっています。

舌は腫《は》れぼったく、運動が嫌いで太りぎみなのが特徴です。皮膚にトラブルが多かったり、イボができやすくなります。

経絡を意識したマッサージがおすすめ

「おすすめツボ」はこちらです。

・**陰陵泉《いんりょうせん》**　後ろ足の内側のすねの骨を膝に向かってたどっていき、止まったところ。左右

に1つずつある

・**豊隆**《ほうりゅう》　後ろ足の外側で、膝とかかとの中間。左右に1つずつある

・**中脘**《ちゅうかん》　みぞおちとおへそを結んだ線上の中間

運動が嫌いで太りぎみ、おなかに脂肪《しぼう》が多くやわらかい「ぽっちゃりタイプ（痰湿）」は、人間でいえばメタボ体質でしょう。

後ろ足にある陰陵泉と豊隆、そしておなかにある中脘が、**体にたまった「湿」をとりやすいツボ**とされています。

とくに陰陵泉と豊隆は、「脾経《ひけい》」と「胃経《いけい》」という互いに関係する経絡《けいらく》上にあり、余分な「水《すい》」を出す効果があります。ピンポイントでふれるよりも、**後ろ足は内側も外側も上下にさするようにマッサージする**のがおすすめです。

「ぽっちゃりタイプ（痰湿）」の猫はおそらく、体が重だるいと感じているはずです。こうしたマッサージで少しずつ「水」がとり除かれると、軽やかに感じてくれるでしょう。

⑦ぽっちゃりタイプ
（肥満・痰湿）

●おすすめツボ

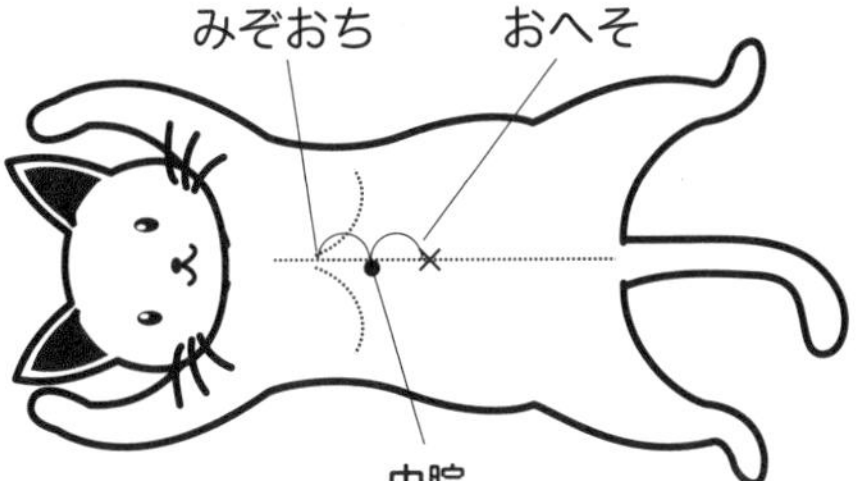

中脘
みぞおちとおへそを結んだ線上の中間

陰陵泉
後ろ足の内側のすねの骨を膝に向かってたどっていき、止まったところ。左右１つずつある

豊隆
後ろ足の外側で、膝とかかとの中間。左右に１つずつある

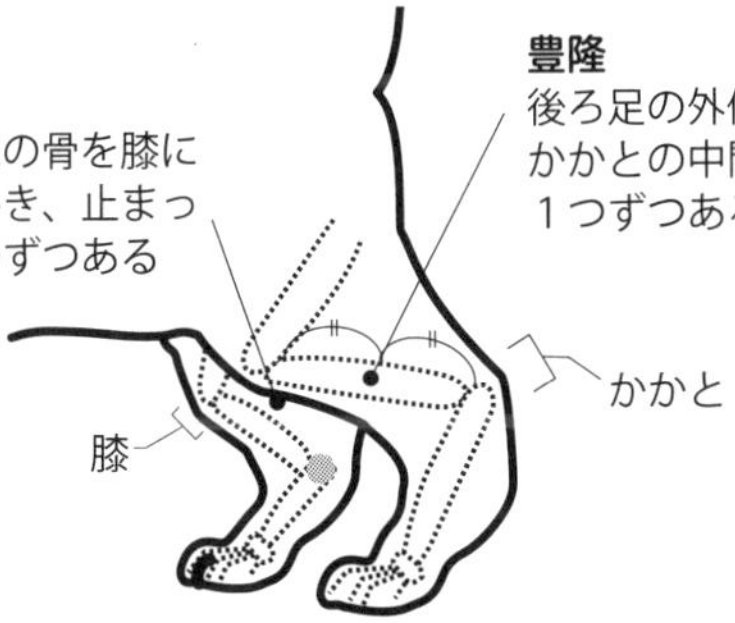

●おすすめ食材

鴨肉、アサリ、スズキ、鮎、アオサ、海苔、冬瓜

●暮らしの養生ポイント

・湿を取り除くこと＝水分の排泄。脂質《ししつ》や糖質をひかえ、太らないように
・おもちゃなどを使って適度な運動や刺激を

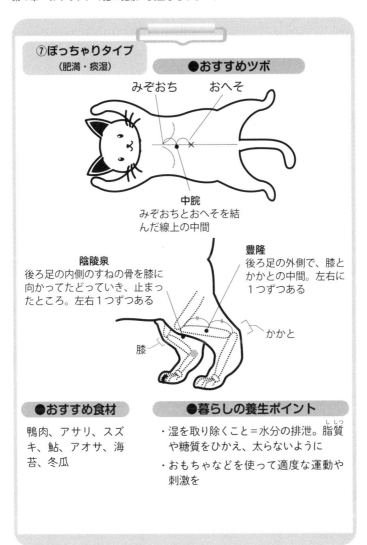

海苔好きの猫にはぜひトッピングを

「おすすめ食材」はこちらです。

鴨肉《かも》、アサリ、スズキ、鮎《あゆ》、アオサ、海苔《のり》、冬瓜《とうがん》、

鴨肉、アサリ、スズキ、鮎は、茹《ゆ》でて火を通すか、生《なま》で与えます。アサリは猫が食べるには大きいので、茹でて細かく刻んであげましょう。茹で汁といっしょに寒天で固めて、寒天ゼリーにしてもいいですね。

茹で汁を味見してみて、塩分を感じるようなら、ほとんど塩味がしないくらいに薄めてください。

猫は野菜類など植物質の食材は嫌いですが、**海苔は好きという猫は少なくない**ようです。トッピングに使うのもいいと思います。

塩分が含まれているのではと不安に思う方もいるかもしれませんが、ごくわずかですから大丈夫です。味つけ海苔や韓国海苔には塩分が多いので、あげないようにします。

冬瓜《うり》など瓜系の食材は「水」を出しやすくします。煮るとトロトロになるので、少量のお肉と混ぜるのもおすすめです。

体を動かす機会を増やす

「暮らしの養生ポイント」はこちらです。

- **湿を取り除くこと=水分の排泄。脂質《ししつ》や糖質をひかえ、太らないように**
- **おもちゃなどを使って適度な運動や刺激を**

「ぽっちゃりタイプ（痰湿）」というタイプ名が示すとおり、太りやすい体質です。したがって、食事の量も意識したほうがいいですね。**ほしがるだけあげたりするのはひかえましょう。**猫では少数派ですが、人間の食べ物、とくにパンや甘い物をほしがる子は、糖尿病などのリスクも高くなるので要注意です。

ただし、先述のとおり、太っているからといって自己流の急激なダイエットは危険です。獣医さんに必要なカロリーをもとに食事の量を指導してもらって、気長にとり組むようにしてください。

運動の嫌いなタイプですが、猫じゃらしやおもちゃなどで誘って、遊びに夢中になるようなスイッチを探すことも大事になります。

外が見える場所にキャットタワーなどを設置して、無理なく上下運動をうながすのもよいでしょう。ただ、シニア猫の場合は足腰が弱っていることも多いので、上がりやすい低めのタワーがおすすめです。

第5章

その子らしく幸せに暮らす

知って安心、東洋医学のこと

東洋医学は「バランス医学」

東洋医学の診察では、「整体観《せいたいかん》」といわれる概念が大切にされます。

これは「人も動物も自然環境の一員なので、自然を離れて生きることはできない。体は季節や環境の変化につねに対応して働いている」という考え方です。

この整体観を踏まえて、東洋医学では**「病気」そのものをミクロに見るのではなく、つねに「体全体」を見ていく**ことを大切にします。

西洋医学と対比するとわかりやすいでしょう。

病気の原因を詳細に、とことん追究していくのが西洋医学（現代医学）の特徴です。病原菌《きん》、細胞《さいぼう》、さらには遺伝子まで精緻《せいち》に調べて異常を発見し、それをとり除いて正常な状態にしようとします。

もちろん、それで克服《こくふく》された病気もたくさんありますが、**ややもすれば病気ばかり見て、人や動物を見ていないと批判されます。**

「最近のお医者さんは、パソコンの画面だけ見ていて、ろくに話も聞いてくれない」

人間の医療の現場で、しばしば患者さんが口にする不満です。

医学が発達して、詳細に検査できるようになったのはいいのですが、お医者さんが検査データや画像に着目するあまり、肝心《かんじん》の患者さんの訴えを聞くことが少なくなってしまったといわれます。

また、高齢者の慢性《まんせい》病のように**「いろんなところが少しずつ機能低下している」ような状態では、どこか一ヵ所を治療すれば治るというわけではありません。**

血圧も、血管も、内臓も、骨も、少しずつ悪くなっていると、10種類以上の薬を処方されることも多く、「出された薬を全部飲むと、おなかいっぱいでごはんが食べられない」とさえいわれます。

一方、東洋医学は、患者さんの全身を診て、症状の改善をめざします。**「病気」を見る**

のではなく「体全体」を見ていきます。整体観の考え方をベースに、季節や自然の環境との関連まで含めて、広く全体像をとらえようとするのです。

病気そのものを治そうとする西洋医学に対して、**東洋医学は体全体のバランスをととのえる「バランス医学」**といえるでしょう。

実際、冷え症でつらいとか、ＰＭＳ（月経前症候群）などの婦人病、アトピー性皮膚炎《ひふえん》のような慢性病は、東洋医学が得意とする分野といわれます。

どちらが優れているかというよりも、西洋医学にも東洋医学にも、向き・不向きがあるのだといえます。たとえば、がんのような手術の必要な病気は西洋医学の出番です。

猫など動物の場合も、基本的に同じ構図があります。

シニア猫の健康維持に向いている

とくに猫の場合、ストレスを嫌う動物なのに、**西洋医学的な検査や治療は、突き詰めれば突き詰めるほど、猫にストレスを与えてしまう**という面があります。

もちろん、ほとんどの獣医師は、個体差があることや必要以上の治療の問題点はわかっ

ているので、猫の自然治癒《ちゆ》力を尊重する治療をしていると思います
腎臓《じんぞう》の調子が多少悪いからといって、ずっと薬を飲ませつづけたり、きびしい食事制限をしたりするのは猫にはむずかしいですし、そうしたからといって長生きできるとはかぎりません。

一方で、血液検査データがひどく悪くても、案外すんなりと生きている猫もいます。

このあたりは、猫それぞれの生命力の違いに関わってきます。

個体差を重視する東洋医学は、シニア期の健康維持に向いているといえるでしょう。

４つの方法で猫を診る

東洋医学では「四診《ししん》」と呼ばれる４つの診察方法で患者さんを診察します。西洋医学のクリニックでおこなわれている血液検査、レントゲン検査、エコー検査などと同じように、東洋医学では四診をおこなうのです。

四診とは「望診《ぼうしん》」「聞診《ぶんしん》」「問診《もんしん》」「切診《せっしん》」という４つの診察のこと。

「望診」は患者の全体の状態を見ることで診察することです。体型や毛ヅヤ、歩き方から、

目や舌の状態、おびえ方や怒り方まで観察します。

「聞診」とは、獣医師の聴覚《ちょうかく》や嗅覚《きゅうかく》によって患者を診ることです。声の調子、呼吸音、排《はい》泄《せつ》物のにおいなどから判断します。

「問診」は問うことで患者を診ることですが、猫をはじめ動物は、質問しても人の言葉で話してくれません。ですから飼い主さんから聞くことになります。

「切診」は患者の体をさわって診ることです。脈《みゃく》にふれたり、背中やおなかにふれたり押したりして、経絡《けいらく》上の変化や体温、さわり心地などを診ています。

つまり、**東洋医学では獣医師の五感を最大限に働かせて、動物を診察する**のです。

望診、聞診、切診は、獣医師の五感によって診るものですが、問診の場合、飼い主さんに頼ることになります。猫の様子をよく見ている人もいれば、そうでない人もいます。なにか聞いても「わかりません」という答えが返ってきてしまうこともあります。

ですから、飼い主さんにはこれまで述べてきた**「おうちケア」で、おうちの猫ちゃんにふれ、コミュニケーションをとってケアするとともに、観察の目をもっていただきたい**のです。

飼い主さんが上手な猫の代弁者になれれば、それだけ猫に的確な治療ができるのです。

東洋医学の診察はこんなふうに進む

東洋医学の動物病院ではどんな診察をするのか、私のクリニックを例に説明しましょう。

初診時には最初に問診票を書いてもらいます。問診票の質問事項は、普通の動物病院よりも細かいと思います。たとえば「便の様子」では色はどうか、においはどうか、硬さはどのくらいで、量はどうなのかなどと、たくさんの質問事項があります。

診察室では、それを見ながら私もさらにお尋ねしていきます。これが「問診」で、カウンセリングのように時間をしっかりとっておこないます。

猫の場合、ケージやかごに入ってくることが多いのですが、ケージなどから無理に出さず、扉を開けたままにしておいて、飼い主さんに質問しながら、猫の顔つきや様子を観察します。

警戒《けいかい》してずっと潜《ひそ》んでいる猫もいれば、ひょろんと出てきて、うろちょろする猫もいます。こんなところにも、その猫の性格があらわれるのですが、これもその子を知るための立派な情報です。

ひととおり質問など終わったところで猫に出てきてもらって、体にさわってみます。怒らずに口を見せてくれるなら口を開けて、「シャーッ！」と怒るならそのすき間から舌を見たり、後ろ足のつけ根にふれて脈をとったりするのです。

素直にさわらせてくれるかどうかも、性格から体質を知るために大切な情報です。「イライラしているから「肝《かん》」（「気」をめぐらせる働き）が悪いのかもしれない」「ビクビクしているから腎《じん》（生命エネルギーを貯める働き）が弱いのかもしれない」などと参考にします。

そうやって全身をさわりながら、硬いところはないか、冷たいところや熱いところはないかなど、さまざまな情報を診断材料として集めていって、体のさまざまなバランスを診ていきます。

そのうえで東洋医学の理論にもとづいて「証《しょう》（症状や体質による分類）」を決め、治療法を決めていくわけです。

治療に際しては漢方薬を出したり、マッサージや鍼《はり》、お灸《きゅう》をしたりします。サプリメントを出す場合もあります。

体質や症状の経過段階など個体差に合わせて、いろいろと組み合わせて治療するのが東洋医学の特徴です。

漢方薬や鍼灸治療はどんなもの？

漢方薬は、植物などの天然素材を加工した生薬《しょうやく》を数種類、組み合わせてつくられます。数種類を組み合わせるので、さまざまな薬効成分が含まれ、一つの漢方薬でいろいろな症状に効果が出るのです。

たとえば、第４章の「ドロドロタイプ（血のめぐりが滞《とどこお》る・瘀血《おけつ》）」の猫で体に痛みがある場合は活血薬《かっけつやく》を、また「イライラタイプ（気のめぐりが滞る・気滞《きたい》）」の猫でイライラを静めたい場合は理気薬《りきやく》を処方したりします。

漢方薬を飲むと、とてもおだやかに効いて不調が改善していきます。

動物用の漢方薬はほとんどが錠剤ですが、食いしん坊でなんでも食べられそうな猫なら粉末の薬も使います。

ただ猫の場合、漢方薬を飲んでくれるかどうかもハードルが高く、無理に飲ませるのもストレスになるので、基本的に飲ませるかどうかの判断は、飼い主さんにおまかせしています。

漢方薬が飲めない猫の場合には、第4章で挙げたような「おうちケア」が中心になります。


初診の後、1~2週間後にまた来てもらって、変化しているかどうかを診ます。

漢方薬の処方や食事の指導などをしてあまり変化がないようなら、「鍼を打ってみましょう」「温熱治療をしてみましょう」とか「ご自宅でこんなマッサージをしてみてください」などと次の手を打つわけです。

鍼は、「気血《きけつ》」の滞りや「気」の不足を補うために、スイッチを入れるようなもの。体にたまった熱をとるのにも有効です。

熱のたまりやすいツボに鍼を刺すと、わずか数分で熱がすっと下がったりもします。人間用の鍼ですが、痛みはほとんど感じていないはずです。

体を温める力が弱い猫には、温熱治療がよく効きます。冷え症の猫にとっては気持ちがいいのでしょう、おとなしくじっとしています。

初診の場合は治療方針が決まるまで、何度か通院してもらうことになります。猫の場合は1カ月に1回くらいが多いですね。本当はもう少し細かく、1～2週間ごとに様子を見たいのですが、猫は通院がストレスになることが多いため間隔をあけています。

シニア猫の健康維持や「未病」への対応など、メンテナンスを目的とする治療の場合は、2～3カ月に1回というケースが大半です。

猫の負担にならない治療ができる

「漢方薬と鍼と温熱治療で、どれがいちばん効きますか」と聞かれることがありますが、「どれがいちばん」ということはなく、どれも効きます。個体差や症状によって選ぶので、みんな大事です。

たとえばヘルニアの場合、鍼と漢方薬を比較すると、漢方薬のほうが早く落ち着きます。

症状によって併用したほうがスムーズなときもあるし、軽症で月に1回だけ通院できるなら鍼だけでも大丈夫など、いろいろ組み合わせもできます。

猫ちゃんには、なるべくストレスを感じさせない治療にしたいと思っています。また、できるだけ通院の間隔を広げられるようにとも心がけています。

外出をすること自体がストレスなのに、猫はみんなドキドキしながら来ています。体質によっては、通院自体が負担になることを、飼い主のみなさんにも知っておいていただきたいと思います。

猫を幸せにする東洋医学

東洋医学で元気・長生きの猫たち

子猫のときから、健康で長生きできるようにいろいろと配慮ができれば、それに越したことはありませんが、すでに成猫になっているとかシニア期に入っているからといって、遅すぎるということはありません。

猫との幸せな時間を過ごすために、東洋医学のケアはとても有効です。猫自身がつらい思いをすることなく、おだやかな日々を長く過ごせるからです。

私の診た猫ちゃんたちのケースをいくつか紹介しましょう。

▼高齢でも最期まで体調がよかったビューティーちゃん（22歳8ヵ月）

「なんとなく動きが悪いんです」という飼い主さんの訴えで私が診るようになったのは、ビューティーちゃんが20歳のころです。雑種猫のメスで、人間でいえば96歳。かなりの高齢ですが、初対面のときに「あなた、だれ？」という感じで静かに私を見る、凛《りん》とした美人さんでした。

もともとは地域猫で、10歳を過ぎて家で飼われるようになったそうです。15歳ごろに一般の動物病院の定期健診で、腎臓の機能低下を指摘されて薬を飲みはじめました、膝《ひざ》の変形性関節症や変形性脊椎《せきつい》症という持病があり、ときどき関節痛もあったので、痛みが強いときは痛み止め薬で乗り切ってきました。

私が診たときには、小さな段差にも乗れなくなり、排泄《はいせつ》時のふんばりがきかない状態でした。**高齢のため「気」も「水」も不足し、体内が乾いていた**のです。

梅雨の蒸し暑い時期になると、気候の影響を受けて関節痛がひどくなります。**鍼で痛みをとって「気」を補い、漢方薬で血流を改善しました。**

定期的に通院してもらい、鍼灸やマッサージ、漢方薬治療をつづけるとともに、**飼い主さんにも、**そのときどきの体調に合わせたツボをお伝えし**マッサージやお灸でおうちケアをしてもらいました。**

すると、**体全体の調子がとてもよくなり、痩せてはいたものの、ごはんもずっと自力で食べることができました。**

ビューティーちゃんは**20歳からおよそ2年半のあいだおだやかな毎日を送った**後、22歳8カ月で、天寿《てんじゅ》をまっとうしました。人間でいえば106歳くらいです。

飼い主さんが猫といっしょに東洋医学の治療にとり組めたのは、とてもよかったようです。飼い主さんも当初は「年をとった猫がどういうふうになるかよくわからなくて」と、とまどっていましたが、つねにポジティブなビューティーちゃんの姿から、私たちのほうが元気をもらっていたように思えてなりません。

▼甲状腺の症状が楽になったモモちゃん（18歳8ヵ月）

ゴージャスな毛並みがご自慢《じまん》のモモちゃんは、マイペースでシャイな性格のメスの雑種猫です。病気になったことはなく、ほとんど病院へ行くこともなく育ちました。

完全な室内飼いで、食事はドライフードがメイン、毎日焼き魚をご相伴《しょうばん》するという、心地よいおうち暮らしを満喫《まんきつ》している猫でした。

15歳のとき、急になにも食べずに吐《は》くとのことで、グッタリした状態で動物病院に緊急入院となりました。検査したところ、甲状腺機能亢進症《こうじょうせんきのうこうしん》と診断されましたが、まずは点滴によって元気をとり戻すことができました。

それはよかったのですが、元気になったとたん、病院内でひどく怒るのです。**「大声でよく鳴く」「シニアなのに活発」というのは甲状腺機能亢進症であらわれる症状**です。

シャイなモモちゃんの性格もふまえて、「入院よりも、おうちで甲状腺の薬を飲みながら症状の緩和《かんわ》をはかりましょう」ということになり、ご自宅に帰りました。

甲状腺が安定したら、慢性《まんせい》腎臓病の症状が出てきました。腎臓そのものを治すことはできず、嘔吐《おうと》や脱水といった症状を抑える対症療法が中心となるので、私が東洋医学によるケアをしていくことになりました。

東洋医学的な診断名は「腎陽虚《じんようきょ》」。体を機能させ、温めるエネルギーの源泉である「腎陽」が不足している状態です。飼い主さんには、寒がりなので冷やさないことを心がけてもらい、定期的に往診して「気」のめぐりがよくなるようにマッサージをしました。

病院での処置を最小限にすることは、猫のストレスを減らすうえでとても大切です。

モモちゃんは気分しだいで、マッサージを受け入れるときと受け入れないときがありましたが、往診時には皮下補液《ひかほえき》をおこないました。すでに甲状腺の薬を飲んでいたので、漢方薬の処方はしませんでした。

2〜3ヵ月ごとに血液検査をすると、数値自体はあまりよくないのに体調が安定し、3年以上もおだやかな毎日を過ごしたのです。18歳8ヵ月で天に召されましたが、おうち大好きのシャイな猫のあり方を教えてくれました。

▼慢性腎臓病と上手に付き合う白木ちゃん（19歳）

白木《しらき》ちゃんはスコティッシュフォールドのオス、表情豊かで憎めない個性派です。現在19歳で、4年前、15歳のときからのお付き合いになります。

最初の検査で、**慢性腎臓病のステージⅡであることがわかりました。**慢性腎臓病はステージⅠ〜Ⅳの４期に分かれます。ステージⅡは腎機能が正常の４分の１に低下して、おしっこをたくさん出すため、水をたくさん飲む状態（多飲多尿）です。多飲多尿の症状は腎臓病の早期発見のきっかけになるものです。また、白木ちゃんは昔から吐きやすく、体には熱感があったようです。

飼い主さんが「できるだけこの子が楽な治療や介護を」と希望されたので、東洋医学でケアすることになりました。

飼い主さんは東洋医学にも理解がある方で、体質や食事のアドバイスなどに熱心にとり組んでくださっています。白木ちゃんが食べやすいように良質のフードや野菜ペーストなどを工夫したり、毎日の食事の内容や排泄について、きちんと記録してくれるので、その後の診察もとてもスムーズです。

２カ月ごとに来院して、当時その病院で東洋医学外来を担当していた私と内科の獣医師のペアで定期健診し、そのつど、病院内で点滴をしていました。

17歳の夏、吐くことがつづいたため、おうちで飼い主さんによる皮下補液をしてもらうことにしました。２カ月に１回の点滴だとやはりしんどそうでしたが、おうちで週２回に増やすと、体の熱感がとれ、すごく調子がよくなりました。

マッサージもあまり好まず、終わるとさっさと帰りたがっていた白木ちゃんですが、**体質が変わって寒がるようになり、電気温熱器でツボを温めると、とても気に入ったようです。**診察台でながーく伸びをして「帰りたくないよ」と全身でアピールしています。

慢性腎臓病の症状緩和には東洋医学のケアがよく効くのです。

▼鍼で喘息の発作を抑えているクルルちゃん（11歳）

やさしい目をしたクルルちゃんはオスのロシアンブルー、現在11歳でちょうどシニア期に入ってきたところです。

喘息《ぜんそく》の持病があり、咳《せき》の発作がはじまると苦しそうな呼吸になってしまいます。それまでずっと**西洋医学での治療をつづけてきましたが、だんだん症状コントロールがむずかしくなってきました。**違うアプローチをしてみたいという飼い主さんの要望で、2年前から私が診ています。

東洋医学的に見る喘息は、その経過によって原因はさまざまです。クルルちゃんの場合は、病気が長期にわたっているので、**肺と腎の「気」がかなり不足している状態**でした。

肺はうるおいが好きな臓器なので、水分をとるようにすることが大切ですが、猫はもともと水分をあまりとらない動物です。加えて、犬よりもストレスに弱く、**長期間の通院ストレスによっても「気」が不足したり、流れが悪くなりやすい**のです。

クルルちゃんは漢方薬が苦手なため、鍼とマッサージをおこなうことにしました。さいわい、とてもおとなしい性格で、飼い主さんといっしょなら鍼治療もＯＫですので、肺と腎の「気」を補い、咳を止めて呼吸を楽にするツボへ鍼を打っています。

治療の日のクルルちゃんの状態を見て、**５本前後の鍼を１～２ヵ月に１回のペースでつづけています。季節の変化により多少の咳は残るものの、西洋薬なしでもいい調子を維持できています。**

施術中にちらっと私を見て、「鍼は好きじゃないけど、ちょっとならいいよ」と目でやんわり訴えるやさしいクルルちゃん。

喘息の治療にはステロイド剤を使うことがよくありますが、副作用が心配という声も聞きます。鍼ならそうした心配はないので、猫ちゃんも飼い主さんも安心です。

▼ストレス性のなめこわしが治まった姫子ちゃん（3歳8ヵ月）

最後はぐっと若い、スコティッシュフォールドのメスの姫子《ひめこ》ちゃん、3歳8ヵ月です。

姫子ちゃんは**ペットホテルにお泊まりした後から、おなかと内股《うちまた》をしじゅうなめるようになってしまい、毛が抜けてパサパサになり、皮膚炎を起こしてしまいました。**

先にも少しふれましたが、「なめこわし（過剰グルーミング）」という、猫によくある問題行動です。

知らない場所への外泊によるストレスがきっかけで発症したのだと思いますが、どうやらかゆみもあるようです。しきりに体をかゆがります。

皮膚科で処方された外用薬を塗って皮膚がよくなると、またなめて皮膚炎を起こします。ステロイドの飲み薬を飲むと、なめこわしはいったん治まりますが、ステロイドをやめるとまたなめるのくり返しで、1年が経ってしまいました。

飼い主さんから「まだ若いし、西洋薬とは違うやり方でステロイドを減らすことができないか」と相談を受けた皮膚科専門獣医からの紹介で、私が東洋医学の治療をはじめました。

まずは、東洋医学的に体の内外のバランスをチェックします。

姫子ちゃんは性格は温和ですが、**被毛はパサパサしており、体に熱感が強くありました。皮膚科への長期通院によるストレスで「気」の不足が進み、体を冷やす「陰」が足りない「暑がりタイプ（陰虚）」になっている**ようです。

「陰」が減っている猫は、ちょっとした刺激に敏感で、イライラしてしまいます。なめこわし行動の裏には、根本的な要因としてこの体質があるのです。

そこで、皮膚炎よりもまずは体質を変えることを最優先とし、**体質改善のための漢方薬を飲んでもらうことにしました。**

翌月になると、まだおなかはなめるものの、被毛は全体的にやわらかくなり、ツヤが出てきました。

その後も熱感やかゆがるしぐさはつづいたので、今度は熱をとり、心を安定させる漢方薬を追加しました。すると、おなかをなめる回数は減ったものの、内股は相変わらずよくなめるとのこと。X線検査をしたところ、後ろ足の膝蓋骨《しつがいこつ》が脱臼《だっきゅう》していました。

ただ、日常生活には問題ないレベルのため手術はせず、月に1度の鍼治療をおこなうとともに、漢方薬は心の安定と関節の痛みを軽くするものに変更。また、抜けていた毛が元に戻ってきたので、体を温めずに「気」を補う漢方薬も追加しました。

初診から1年半ほど経って、姫子ちゃんは見違えるほどフワフワでツヤツヤ毛並みのお嬢さんになりました

若いうちからなにかしらトラブルがある猫は、もともと「気」が不足しやすい傾向があります。年齢にかかわらず、東洋医学的なケアで早めのメンテナンスをはじめることをおすすめしています。

「その子らしく生きる」のが幸せ

最近は動物についても「ＱＯＬ（クオリティ・オブ・ライフ＝生活の質）が問われるようになってきました。**高いＱＯＬを保ったまま、年を重ね、おだやかな最期が期待できるのも東洋医学のいいところ**だと思います。

猫の心身に負担が少ない東洋医学によって、**その子らしさを保ちながら、健康寿命を長くする**ことができます。

東洋医学の治療・ケアは、体内に「気（生命エネルギー）」をめぐらして生命力をサポートするため、その猫に合った無理のない生活を送ることができるのです。

また、本書に述べてきたような東洋医学の知識を飼い主さんにもっていただき、早めのケアをおこなえば、猫が突然病気になって治療でつらい思いをした、という事態にもなりにくくなります。

未病の段階で対処し、病気にならないように生きる――それは猫にとっても、人間にとっても大切な姿勢でしょう。

飼い主さんには愛する猫ちゃんといっしょに、体に無理なく、健康上手に、そして幸せに暮らせるよう、東洋医学の知恵とケアがお役に立つことを願っております。

あとがき

猫には不思議な力がある、私はいつもそう思っています。

新米獣医師のころ、院内猫のマイペースで媚《こ》びない存在に魅了され、癒《い》やされました。自由気ままな猫の姿は、いつしか私の理想となりました。初めて飼った小さな黒猫は、その小さな命を懸けて「猫の治療は猫の邪魔をしないこと」と教えてくれました。

猫たちのもつ力が最大限生かせるように、東洋医学的な診断はとても有意義だと感じています。この本との出会いで、猫好きの方々にとってひとつでも新しい発見があるならばうれしく思います。

いままで知り合ったすべての猫と飼い主さま、ずっと支えてくださった成城こばやし動物病院のスタッフ、今回の出版に際しご尽力いただいたさくら舎の古屋編集長、松浦さま、関係者のみなさまに心より感謝申し上げます。

AKO HOLISTIC VET CARE 院長　山内明子《やまうちあきこ》

著者略歴
AKO HOLISTIC VET CARE院長。獣医師・獣医鍼灸師。東京都に生まれる。一九九三年、日本大学農獣医学部獣医学科卒。都内の動物病院に勤務ののち、休職し、東洋医学の勉強をはじめる。小平市のアカシア動物病院、世田谷区の成城こばやし動物病院などにて東洋医学の治療に従事。二〇一六年、国際的な中獣医学の教育機関であるCHI INSTITUTE（本部アメリカ）のオーストラリア校に学び、獣医鍼灸師（CVA）の資格をとる。二〇一九年、鍼灸や漢方薬治療などをおこなうAKO HOLISTIC VET CAREを世田谷区馬事公苑に開業。西洋医学の動物病院と提携する二次診療クリニックとして、動物の体・心・魂をととのえる治療をおこなっている。国際中医師。比較統合医療学会理事。本書が初の著書となる。
https://www.akoholistic.jp/

うちの猫《ねこ》と25年《ねん》いっしょに暮《く》らせる本《ほん》
——その子《こ》らしく幸《しあわ》せに生《い》きるケアの知恵《ちえ》

二〇二〇年三月一〇日　第一刷発行

著者　山内明子《やまうちあきこ》
発行者　古屋信吾
発行所　株式会社さくら舎　http://www.sakurasha.com
東京都千代田区富士見一-二-一一　〒一〇二-〇〇七一
電話　営業　〇三-五二一一-六五三三　FAX　〇三-五二一一-六四八一
編集　〇三-五二一一-六四八〇　振替　〇〇一九〇-八-四〇二〇六〇
装丁　石間　淳
装画　ねこまき（ミューズワーク）
本文組版　株式会社システムタンク
印刷・製本　中央精版印刷株式会社

ISBN978-4-86581-237-4

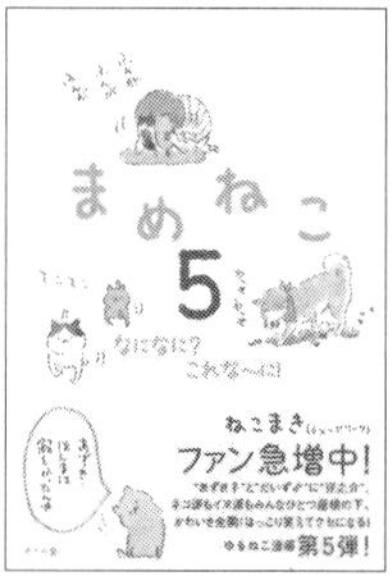

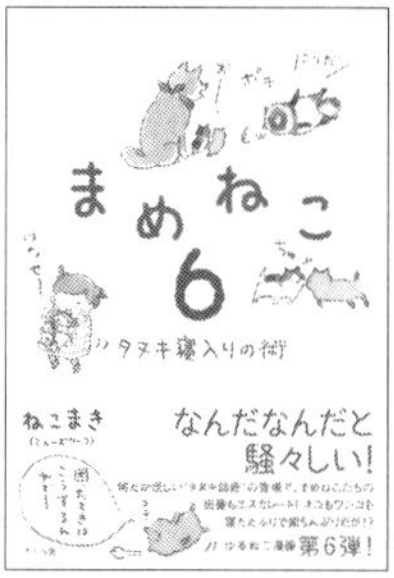

まめねこ～まめねこ10発売中!!

1～8 1000円(+税)　　9～10 1100円（+税)

定価は変更することがあります。